服装高等教育"十一五"部委级规划教材

U0742574

针织服装结构设计

谢梅娣　赵　俐　编著

中国纺织出版社

内 容 提 要

本书在参考针织企业内的服装打板方法及国内外相关服装结构设计书籍的基础上，尝试将针织面料与针织服装结构设计相结合，将传统的针织服装结构设计与机织服装结构设计相结合。本书内容涵盖针织服装结构设计基础、针织裤装结构、针织裙装结构、针织服装衣身结构、针织服装衣领结构、针织服装衣袖结构和综合举例。本书用简洁的文字配以大量的实例使读者易学易懂，操作性强是本书的最大特点，也是作者力求达到的目标。

本书适合高等院校服装专业的学生作为教材使用，也可供服装技术人员、服装设计人员和服装设计爱好者作为自学用书。

图书在版编目（CIP）数据

针织服装结构设计/谢梅娣,赵俐编著.—北京:中国纺织
出版社,2010.7（2014.7重印）
服装高等教育"十二五"部委级规划教材
ISBN 978 – 7 – 5064 – 6408 – 6

Ⅰ.①针 … Ⅱ.①谢… ②赵… Ⅲ.①针织物:服装 —结
构设计—高等学校—教材 Ⅳ.①TS186.3

中国版本图书馆 CIP 数据核字（2010）第 079362 号

策划编辑:张晓芳 责任编辑:宗 静 责任校对:陈 红
责任设计:何 建 责任印制:何 艳

中国纺织出版社出版发行
地址:北京市朝阳区百子湾东里 A407 号楼 邮政编码:100124
销售电话:010—87155894 传真:010—87155801
http://www. c – textilep. com
E – mail:faxing @ c – textilep. com
官方微博:http://weibo.com/2119887771
三河市宏盛印务有限公司印刷 各地新华书店经销
2010 年 7 月第 1 版 2014 年 7 月第 3 次印刷
开本:787×1092 1/16 印张:12.5
字数:163 千字 定价:28.00 元

凡购本书,如有缺页、倒页、脱页,由本社图书营销中心调换

全面推进素质教育，着力培养基础扎实、知识面宽、能力强、素质高的人才，已成为当今本科教育的主题。教材建设作为教学的重要组成部分，如何适应新形势下我国教学改革要求，与时俱进，编写出高质量的教材，在人才培养中发挥作用，成为院校和出版人共同努力的目标。2005 年 1 月，教育部颁发了教高 [2005] 1 号文件"教育部关于印发《关于进一步加强高等学校本科教学工作的若干意见》"（以下简称《意见》），明确指出我国本科教学工作要着眼于国家现代化建设和人的全面发展需要，着力提高大学生的学习能力、实践能力和创新能力。《意见》提出要推进课程改革，不断优化学科专业结构，加强新设置专业建设和管理，把拓宽专业口径与灵活设置专业方向有机结合。要继续推进课程体系、教学内容、教学方法和手段的改革，构建新的课程结构，加大选修课程开设比例，积极推进弹性学习制度建设。要切实改变课堂讲授所占学时过多的状况，为学生提供更多的自主学习的时间和空间。大力加强实践教学，切实提高大学生的实践能力。区别不同学科对实践教学的要求，合理制订实践教学方案，完善实践教学体系。《意见》强调要加强教材建设，大力锤炼精品教材，并把精品教材作为教材选用的主要目标。对发展迅速和应用性强的课程，要不断更新教材内容，积极开发新教材，并使高质量的新版教材成为教材选用的主体。

随着《意见》出台，教育部组织制订了普通高等教育"十一五"国家级教材规划，并于 2006 年 8 月 10 日正式下发了教材规划，确定了 9716 种"十一五"国家级教材规划选题，我社共有 103 种教材被纳入国家级教材规划。在此基础上，中国纺织服装教育学会与我社共同组织各院校制订出"十一五"部委级教材规划。为在"十一五"期间切实做好国家级及部委级本科教材的出版工作，我社主动进行了教材创新型模式的深入策划，力求使教材出版与教学改革和课程建设发展相适应，充分体现教材的适用性、科学性、系统性和新颖性，使教材内容具有以下三个特点：

（1）围绕一个核心——育人目标。根据教育规律和课程设置特点，从提高学生分析问题、解决问题的能力入手，教材附有课程设置指导，并于章首介绍本章知识点、重点、难点及专业技能，增加相关学科的最新研究理论、研究热点或历史背景，章后附形式多样的思考题等，提高教材的可读性，增加学生学习兴趣和自学能力，提升学生科技素养和人文素养。

（2）突出一个环节——实践环节。教材出版突出应用性学科的特点，注重理论与生产实践的结合，有针对性地设置教材内容，增加实践、实验内容。

（3）实现一个立体——多媒体教材资源包。充分利用现代教育技术手段，将授课知识点制作成教学课件，以直观的形式、丰富的表达充分展现教学内容。

教材出版是教育发展中的重要组成部分，为出版高质量的教材，出版社严格甄选作者，组织专家评审，并对出版全过程进行过程跟踪，及时了解教材编写进度、编写质量，力求做到作者权威，编辑专业，审读严格，精品出版。我们愿与院校一起，共同探讨、完善教材出版，不断推出精品教材，以适应我国高等教育的发展要求。

中国纺织出版社

教材出版中心

　　针织面料特殊的线圈结构赋予针织面料具有良好的延伸性、弹性、柔软性和舒适性，针织面料所用的原料和组织结构的多样性使针织面料的性能具有较大的差异，从而也赋予针织服装款式的多样性。针织服装可以是贴身柔软的普通内衣、优雅华丽的装饰内衣、穿着活动自如的健身内衣，也可以是职业运动服、休闲运动服和宽松、随意、舒适的针织休闲装，还可以是流行的新潮时装。因此，针织服装结构设计涵盖面广，既有与普通机织服装结构设计的共性，又有其自身特有的个性。

　　针织面料是针织服装的载体，离开面料谈服装结构设计，等于纸上谈兵，作为服装的基本要素，针织面料与服装结构之间存在着密切的内在联系。本书参考了针织企业内的服装打板方法以及国内外相关服装结构设计的资料，尝试将针织面料与针织服装结构设计相结合，将传统的针织服装结构设计与机织服装结构设计相结合，并着手编写了本书。

　　本书共分为七章，其中第一～三章由谢梅娣编写，第四～六章由赵俐编写，第七章由赵俐和谢梅娣共同编写。

　　本书在编写过程中得到了上海三枪集团吴燕萍女士的大力支持，在此表示衷心感谢！

编著者

2010 年 3 月

《针织服装结构设计》教学内容及课时安排

章/课时	课程性质/课时	节	课程内容
第一章 (4 课时)	基础理论 (4 课时)		·针织服装结构设计基础
		一	针织服装结构设计概述
		二	人体特征与测量
		三	针织服装规格设计
		四	针织服装制图工具、符号与部位代号
		五	针织服装结构设计的方法
第二章 (8 课时)	专业理论知识及 专业技能 (44 课时)		·针织裤装结构
		一	针织裤装的分类及结构线名称
		二	针织外裤的基本结构及结构变化
		三	针织内裤的基本结构及结构变化
		四	针织裤装样板设计
第三章 (8 课时)			·针织裙装结构
		一	针织裙装的分类及主要结构线名称
		二	针织裙装基本结构设计
		三	针织裙装结构变化
第四章 (10 课时)			·针织服装衣身结构
		一	针织服装衣身款型的分类及主要结构线名称
		二	针织服装衣身母型结构设计
		三	胸全省的设置与转移
		四	背省的设置与转移
第五章 (8 课时)			·针织服装衣领结构
		一	衣领分类
		二	无领结构设计
		三	有领结构设计
第六章 (10 课时)			·针织服装衣袖结构
		一	衣袖分类
		二	圆装袖结构设计
		三	连袖结构设计
第七章 (8 课时)	专业技能及 应用理论 (8 课时)		·综合实例
		一	吊带衫与中裤套装
		二	短款连袖针织衫与热裤套装
		三	高领长袖针织衫与长裙套装
		四	斜襟短袖衫与 A 字裙套装
		五	翻领横纽襻开衫与裙裤套装
		六	插肩袖连帽衫与打底裤套装
		七	男式立领拉链开衫运动套装
		八	短袖 T 恤与中裤套装

目录
Contents

基础理论——

针织服装结构设计基础

> **课程名称：**针织服装结构设计基础
>
> **课程内容：**1. 针织服装结构设计概述
>
> 　　　　　　2. 人体特征与测量
>
> 　　　　　　3. 针织服装规格设计
>
> 　　　　　　4. 针织服装制图工具、符号与部位代号
>
> 　　　　　　5. 针织服装结构设计的方法
>
> **上课时数：**4 课时
>
> **教学提示：**阐述针织服装结构设计在针织服装生产设计中的重要地位，介绍与针织服装结构设计相关的基础知识。布置本章作业，并保留在课堂上提问和交流的时间。
>
> **教学要求：**1. 使学生掌握服装规格的采集方法。
>
> 　　　　　　2. 使学生了解针织服装规格设计的原则。
>
> 　　　　　　3. 使学生了解针织服装结构设计的方法，了解各种方法的异同点。

第一章　针织服装结构设计基础

第一节　针织服装结构设计概述

一、针织服装结构设计课程的性质

　　针织服装是指由针织面料经裁剪缝制而成的，或直接通过针织工艺编织，或局部经少量裁剪缝制形成的服装。按针织服装生产形成方式可分为裁剪类针织服装和成形类针织服装。裁剪类针织服装主要是以圆型针织机、经编针织机生产的面料在完成后整理的基础上经裁剪和缝制的服装；成形类针织服装主要在横机上生产，利用横机上工作针数的增减、织物组织结构的改变或织物密度的变化，以编织出所需要形状的衣片，经部分裁剪或不裁剪缝纫后完成的服装。针织服装结构设计的对象主要是裁剪类针织服装。

　　针织服装结构设计也可称作针织服装纸样设计。一件针织服装的形成包含三个部分的设计：款式造型设计、结构设计和缝制工艺设计。针织服装结构设计是根据款式造型设计的款式效果图，以服装裁剪图的形式分解展开成平面服装结构图的设计，它是针织服装款式造型设计的继续，同时又是对款式造型设计的检验，修正款式造型设计中不合理的结构关系，此外也为缝制工艺设计做准备。针织服装结构设计在整个针织服装设计中起着承上启下的作用。

　　针织服装是服装工业中的一枝新秀。近十几年来，我国的针织服装得到了迅猛发展，传统的"老三衫"概念被彻底打破，针织服装具有机织服装无法比拟的服用性能，而受到各阶层消费者的厚爱。总体上，针织面料与机织面料相比具有好的延伸性、弹性、柔软性和舒适性，使针织服装能满足人体各部位动作的曲张、自由伸展、弯曲变化，衬出人体的曲线美，满足消费者贴身合体、活动自如的要求，而且，针织服装有向外衣化、便装化、时装化和高档化发展的趋势。但是，由于用于针织面料的原料和组织结构的多样性，导致针织面料性能具有较大的差异，使针织服装的品种具有多样性。针织服装可以是内衣（贴身柔软的普通内衣、优雅华丽的装饰内衣、穿着活动自如的健身内衣），也可以是运动服（职业运动服、休闲运动服）和宽松随意舒适的针织休闲装，还可以是具有时代性、流行性的时装。因而针织服装结构设计涵盖面广，既有普通机织服装结构设计的共性，又有其自身特有的个性。

二、针织服装结构设计课程的内容

针织服装结构设计课程要求通过教学，使学生能深入了解针织服装结构与人体结构之间的关系，掌握针织服装各部件结构设计及其相互间的关系、不同的针织面料特性对针织服装结构设计的影响，把握针织服装结构设计与针织缝纫工艺间的关系，了解适合工业化生产的各种规格尺寸表达形式及图表，掌握针织服装平面结构设计方法。

本课程的重点在于使学生全面掌握针织内外衣裤的结构设计，掌握基础纸样的制作方法及其在各款式设计中的应用，培养学生审视服装效果图的结构组成，结合针织面料特性确立各部位比例关系、具体规格尺寸及分辨结构可分解性的能力，从而具有针对不同类型的针织服装能按比例分配法或者应用母型进行衣身、衣领、衣袖、裤（裙身）等部位的结构设计和整体服装结构设计的能力。

第二节 人体特征与测量

了解人体特征及正确掌握人体测量，是能否正确设计针织服装成品规格的前提。

一、人体特征

1. 人体主要部位的构成

根据人体外形特征和关节活动特点，从服装结构学角度可将人体划分成头①、颈②、肩③、肩（端）部④、胸⑤、背⑥、上臂⑦、肘部⑧、下臂⑨、腕⑩、手⑪、腰⑫、腹⑬、臀⑭、胯⑮、大腿⑯、膝部⑰、小腿⑱、踝⑲、脚⑳等部位，如图 1-2-1 所示。

人体的弯曲、转动、摆动、伸展等运动都是由颈、腰、肩端部、肘、手腕、胯、膝、脚踝等重要部位的关节活动完成的。而这些动作的运动幅度在一定条件下又将决定服装宽松量的大小。

2. 人体比例

人体比例通常是指生长发育正常的中青年人体的平均数据，通过人体或人体各个局部之间大小度量的比较，并以数量比例的形式来体现。人体各部位的

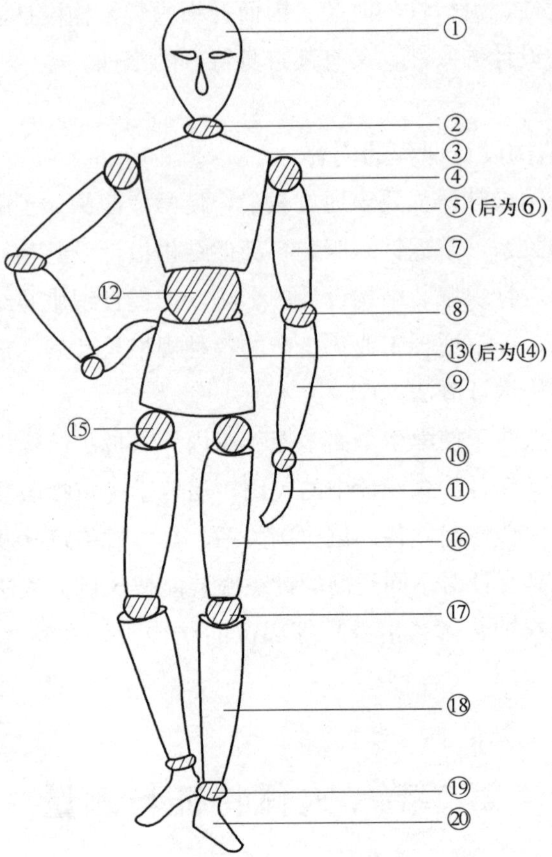

图 1 - 2 - 1

比例是人体外表体形特征的重要内容，了解人体的长度比例和围度比例是服装设计及制作的依据。

（1）长度比例：人体各部位比例，一般以头高为单位进行计算。亚洲成年男女的人体比例为七个头至七个半头高，欧洲成年人体比例为八个头至八个半头高，这种符合实情的折算可作为研究一般生活服装的依据，而在设计外销产品（不包括亚洲地区）以及时装表演服、流行时装时，人体长度比例可按八个头或八个半头的长度计算。此外，也可用所占人体总体高的百分比来计算服装长度的方法。我国女性人体长度比例参考值见表 1 - 2 - 1。

表 1 - 2 - 1　我国女性人体长度比例参考值

人体各部位名称　比例	身高	BP 位	腰节	上臂长	小臂长	手掌	上裆	臀高	大腿长	小腿长
与头的比例	7	1	5/3	4/3	1	2/3	6/5	5/7	8/5	4/3
占总体高的百分率（%）	100	14.3	24	19	14.3	10	17.1	10.2	23	19

（2）围度比例：人体围度包括头围、颈围、胸围、腰围、臀围等。围度比例是表示人体各部位横断面的周长度量的比较并以数字表征。胸围、腰围、臀围（即三围）对服装影响较大，而且这三者间的关系最为密切。我国女性人体围度比例参考值见表 1-2-2，它为服装围度及有关部位尺寸的确定提供了一定的理论依据。值得注意的是，在制订针织服装围度尺寸时，还应充分考虑针织面料具有弹性和延伸性的特点，把握针织服装成品围度尺寸。

表 1-2-2 我国女性人体围度比例参考值

人体各部位名称\\比例	颈围	上臂围	腋围	手肘围	手腕围	腰围	臀围	腿根围	膝围	小腿围	足围
占净胸围（%）	40	34	46	30	20	75	110	66	44	44	27
占净臀围（%）	—	—	—	—	—	—	—	60	—	40	25
占大腿围（%）	—	—	—	—	—	—	—	—	67	67	—

注 上臂围是指手臂最饱满处的周长；腋围是指肩峰至腋窝底部的周长。

二、人体测量

针织服装成品规格尺寸是针织服装结构设计的前提。成品规格尺寸的来源除了客户提供的和国家标准号型规格外，主要是通过测量人体而得。人体测量是在对人体体型特征有正确、客观的认识基础上，通过统一规则把人体各部位的体型特征数字化，用精确的数据表示身体各部位的特征。人体测量是针织服装结构设计人员必须掌握的技术，它是针织服装成品规格设计的依据。

1. 人体测量基准点

为了使人体测量的数据具有可比性，能建立统一的测量方法，一般选骨骼的端点、突起点及有代表性的部位作为人体测量基准点，如图 1-2-2 所示。

肩颈点：位于人体颈侧根部，是颈部到肩部的转折点。它是测量人体前、后腰节长和服装衣长的起始点，以及服装领口宽定位的参考点。

颈窝点：位于人体左右锁骨中心，前颈根部凹陷的位置，是前领口定位的参考点。

颈椎点：位于人体颈后第七颈椎骨，是测量背长或上体长的起点，也是基础领线定位的参考点。

肩端点：位于人体肩关节峰点处，是测量人体肩宽的基准点，也是测量臂长或服装袖长的起始点，而且还是服装袖肩点定位的参考点。

胸高点：位于人体胸部最高处，它是测量胸围的参考点，也是女装胸省省尖方向的参考点。

前腋点：位于人体胸部与前手臂根的交界处，左右前腋点间的距离就是前

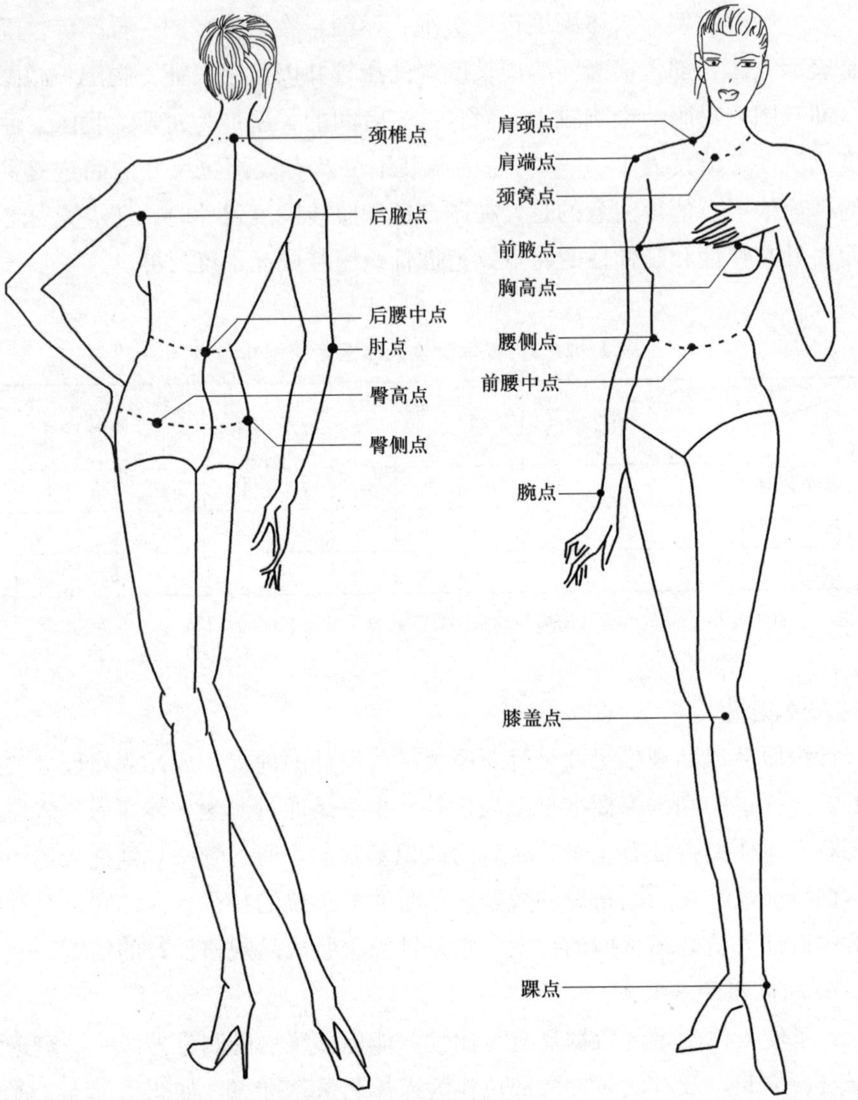

图 1-2-2

胸宽的尺寸。

　　后腋点：与前腋点部位相对，位于人体背部与后手臂根的交界处，左右后腋点间的距离就是后背宽的尺寸。

　　肘点：位于人体上肢肘关节处，是制订袖肘线、前袖弯线凹势及袖肘省省尖方向的参考点。

　　腕点：位于人体手腕部凸出处，即前臂尺骨最下端点，是测量袖长的参考点。

　　前腰节点：位于人体前腰部正中央处，是确定前腰节的参考点。

　　后腰节点：位于人体后腰部正中央处，是确定后腰节的参考点。

　　腰侧点：位于人体腰侧部正中央处，是前后腰的分界点，也是测量服装裤长和裙长的起始点。

臀高点：位于人体臀后部左右两侧最高处，是确定臀省省尖方向和臀围线的参考点。

臀侧点：位于人体臀侧部正中央处，是腹部与臀部的分界点。

膝盖点：位于人体膝关节的中心，是大腿与小腿的分界部位。

踝点：位于人体踝关节向外侧突出点，是测量裤长的参考点。

2. 测量部位和方法

量体前被测者最好穿着紧身或合体内衣，以最自然的姿势站好。

头围：双耳上方水平围量一周。

胸围：胸部最丰满处水平围量一周。

腰围：腰部最细处水平围量一周。

臀围：臀部最丰满处水平围量一周。

领围：在颈部的下端围量一周（注意软尺需经过颈椎点、左肩颈点、右肩颈点、颈窝点）。

上臂围：在上臂最粗的地方水平环绕围量一周。尤其对于手臂粗的人是必须测量的尺寸。

肘围：屈肘，经过肘点围量一周。这是制作窄袖必须量的尺寸。

手腕围：经过手腕点，松松地绕手腕部而量。

手掌围：将拇指轻轻地贴于手掌侧，围量其根部一周。

总肩宽：由左肩端点经过后颈点量至右肩端点。

前胸宽：前身右侧腋窝处量至左侧腋窝处。

后背宽：后身右侧腋窝处量至左侧腋窝处。

胸高点：横向测量为两个胸高点之间的距离；纵向测量为肩颈点向下量至胸部最高点。

腰节：肩颈点向下经过胸高点量至腰部最细处，为前腰节长；肩颈点向下经过肩胛骨量至腰部最细处，为后腰节长。

背长：由第七颈椎点向下量至腰部最细处。

手臂长：由肩端点经过肘至腕处（折线）。

上臂长：手臂弯曲，自肩端点量至肘部。

臀高：在人体侧面的位置上，自腰侧点量至臀侧点的距离。

上裆长：测量时，被测者坐在硬面椅子上，挺直身体，从腰围线垂直量至椅面。

裙长：自腰围线量至所需裙子摆位止。

裤长：在人体侧面，从腰围线量至外踝点，也可根据个人喜好或需要来确定长度。

　　以上测量所得的尺寸基本为净尺寸，然后可根据款式需要和面料特性再加放（或减去）一定的放松量。

第三节　针织服装规格设计

　　针织服装规格分为示明规格和细部规格两类。针织服装示明规格是指选用一个或两个最典型的部位尺寸来示明服装适穿对象，一般醒目地标注在商标或包装上，它为企业生产管理和消费者选购服装提供了方便。细部规格是指针织服装各部位的尺寸大小。针织服装细部规格设计得是否合理，关系到能否充分体现服装设计师的造型设计意图，同时针织服装细部规格是企业进行针织服装结构设计和对成品服装检验的依据。

一、针织服装示明规格

　　针织服装种类繁多，款式丰富。对于不同的针织服装、不同的销售对象，示明规格的表示方法不尽相同。我国用于针织服装的示明规格有号型制、领围制、胸围制和代号制几种。

1. 号型制

　　服装号型标准是建立在人体普查、对成千上万的人体进行测量、并对测量数据进行科学分析研究的基础上制订的，是国家正式颁布的标准。根据号型制规定，人的总体高是服装长度的依据，而胸围和腰围则是服装大小的依据，把人的总体高用"号"来表示，把人的净胸围和净腰围用"型"来表示。上装的号型是总体高和净胸围，下装的号型是总体高和净腰围。例如，上衣号型为"165/88"，表示适合总体高165cm左右，人体净胸围为88cm的人穿用；又如，裤子号型为"165/72"，表示适合总体高165cm左右，人体净腰围为72cm的人穿用，依此类推。

　　服装号型标准除了用于起示明作用外，也用于指导服装的设计和生产。号型标准在制订时把人体的号和型有规则地分档排列，即为号型系列，我国目前实施的服装号型标准有GB/T 1335.1—1997《服装号型　男子》、GB/T 1335.2—1997《服装号型　女子》、GB/T 1335.3—1997《服装号型　儿童》，这三个标准也是针织外衣成品规格设计的主要依据。男女上装类号型标准规定为5·4系列，其中前一个数据"5"表示"号"的分档数值，成年男子从150cm开始，成年女子从145cm开始，每隔5cm分一档；后一个数字"4"表示"型"的分档数值，成年男子从 76cm 开始，成年女子从 72cm 开始，每隔 4cm 分一档。下装类规定有 5·4、5·2 两种系列。下装的型，成年男子从 56cm 开始，成年女子从 50cm 开始，每隔 4cm 或 2cm 分一档。儿童在不同阶段身体发育上存在较大差异，不能单纯使用某一个系列。例如，体高 135～155cm 的儿童上装采用"5·4 号型系列"，裤子采用"5·3 号型系列"；体高 80～130cm 的儿童上装采用"10·4 号型系列"，裤子采用"10·3 号型系列"；而体高 52～80cm 婴儿则上装采用"7·4 号型系列"，裤子采用"7·3 号型系列"。

我国针织内衣产品，目前实施的服装号型标准有 GB/T 6411—2008《针织内衣规格尺寸系列》。成年人的上装或裤子均采用"5·5 号型系列"，男子式从"155/75"起，女子从"145/70"起，以 5cm 分档组成系列。儿童、中童衣裤类均采用"5·5 号型系列"，体高在 50cm 至 130cm 间，以 10cm 分档，体高在 130cm 至 160cm 间，以 5cm 分档；胸围、腰围从 45cm 起，以 5cm 分档。此外，依据针织面料横向的拉伸伸长率的情况，将成年人针织内衣规格尺寸系列分为三类。

A 类：在 14.7 定负荷力的作用下，面料横向的伸长率小于等于 80% 的产品。

B 类：在 14.7 定负荷力的作用下，面料横向的伸长率大于 80% 且小于等于 120% 的产品。

C 类：在 14.7 定负荷力的作用下，面料横向的伸长率大于 120% 且小于等于 180% 的产品。

2. 领围制

目前国际上男衬衫采用领围尺寸作为示明规格，以使男子在戴领带及穿着西装时，衬衫的领围能与之匹配。领围制一般以 1.5cm 为一档，如 34，35.5，37，38.5，40，41.5，43 等。如今，为了满足消费者的多种需要，以 1cm 为分档数。

3. 胸围制

我国在实行号型制之前，一些针织内衣、运动衣、羊毛衫、T恤等服装一直沿用上装的实物胸围或下装的实物臀围尺寸，以 cm 或英寸为单位作为示明规格，例如，儿童有 50cm、55cm、60cm，少年有 65cm、70cm、75cm，80cm 以上为成人规格。出口针织服装多用英寸表示，从 20 英寸起，每 2 英寸为一档级差递增。

4. 代号制

代号制是用英文字母或数字来示明针织服装规格。如 S（小号）、M（中号）、L（大号）、XL（特大号）、XXL（特特大号）等，有的用 2、4、6、8…12 等数字代表适穿的儿童年龄。代号制本身并没有确切的尺寸含义，只是表示相对大小的含义。例如，S 是小号，它的胸围尺寸可以是 75cm、80cm、85cm、90cm 不等，而应予以注意的是，以后每个号均比前一个号大一档（即 5cm 或 2 英寸）。代号制用于出口产品较多，一般客户订货时会注明 S 号的实际规格，M、L、XL 等规格就可依此类推。

二、针织服装细部规格设计

针织服装示明规格只表明服装适穿对象，而细部规格为具体生产提供了依据。针织服装细部规格设计必须从以下几个方面来考虑。

1. 款式特点

充分理解设计师的意图，根据款式特点（紧身、合体、宽松）并结合流行趋势，确定针织服装细部尺寸。

2. 面料性能

针织面料具有延伸性和弹性，但织物的组织结构和原料对针织面料的延伸性和弹性的影响很大，所以，在设计针织服装细部尺寸时，应充分考虑不同针织面料的延伸性和弹性的差异。

3. 适穿对象

不同地区、不同年龄、不同的穿着用途等对针织服装细部尺寸具有不同的要求，在设计针织服装细部尺寸时，必须对适穿对象进行定位。

4. 舒适性与美观性

要充分考虑细部尺寸对成衣后的服装的穿着舒适性以及整体服装的比例协调性的影响。

在针织服装细部规格具体设计时，可以参考 GB/T 1335.1—1997《服装号型 男子》、GB/T 1335.2—1997《服装号型 女子》、GB/T 1335.3—1997《服装号型 儿童》、GB/T 6411—2008《针织内衣规格尺寸系列》以及地区标准、企业的暂行标准，也可根据客供标准或者实体测量来制订详细的细部规格。

尽管在 GB/T 6411—2008《针织内衣规格尺寸系列》标准中，胸围、腰围及臀围尺寸是指相应各成品部位的周长，但由于针织内衣绝大部分都是平面结构，针织行业中还普遍存在着将实际成品胸围、腰围及臀围（即周长）的一半标注为胸围、腰围及臀围规格尺寸，因此在结构设计时要特别注意。本书以后章节结构设计中所标注的公式或尺寸涉及的胸围、腰围及臀围，如没有特殊说明，一般都是指周长。

三、针织成衣规格测量

针织服装细部规格设计为具体生产提供了依据，而针织成衣规格测量方法是针织服装细部规格设计的前提，并且是检验针织服装是否达到细部规格设计要求的依据。针织成衣规格测量包括测量部位的确定和测量方法的规定，是在针织服装结构设计时确保针织成衣规格准确的前提。

针织服装的种类繁多，细部规格设计、测量部位和测量方法也有所不同。GB/T 6411—2008《针织内衣规格尺寸系列》中规定了上衣类的衣长、胸围和袖长以及裤类中的裤长、上裆和臀围共六个主要部位的测量方法，并且提供了这六个主要部位的系列化尺寸。纺织行业标准中还对上衣类的挂肩、中腰宽、下腰宽、肩带宽、总肩宽以及裤类中的腰宽、横裆部位做了测量方法规定。针织成衣主要测量部位规定见下表，图1-3-1、图1-3-2是相应的测量部位示意图。至于其他细部，如领宽、前后领深、袖口宽、袖罗纹宽、裤口宽、裤罗纹宽、门襟长、门襟宽等，各企业可按长年生产习惯规定，一般在成品规格单中注明测量方法。

针织内衣的细部规格测量方法一般延用内衣企业以前的习惯，但随着针织服装外衣化、时装化的发展趋势，外衣成品细部规格的测量方法也开始在内衣细部规格测量中运用，如针织内裤（长裤）的裤长沿裤侧缝由腰的侧边垂直量至裤口边，上裆由裤腰边垂直量至裆底等。企业中若采用与国家标准中规定的测量方法不同时，需在针织服装细部规格设计单上注明。

针织成衣主要测量部位规定

类别	测量部位	测　量　方　法
上衣	衣长	连肩产品由肩中间量至底边，合肩产品由肩缝最高处量至底边，吊带衫由带子最高处量至底边
	胸围	由挂肩缝与侧缝交叉处向下2cm水平横量一周
	袖长	平肩式（即装袖）由肩端点缝处量至袖口边，插肩式（即连袖）由后领中间量至袖口边
	挂肩	平袖式（即装袖）由肩缝外侧量至袖隆底
	中腰宽	按中腰位置，在腰部最凹处横量①
	下腰宽	由底边向上10～12cm处横量
	肩带宽	针对背心类产品：平肩产品在肩平线上横量，斜肩产品沿肩斜线测量
	总肩宽	由左肩缝与袖隆交点水平量至右肩缝与袖隆交点
裤子	裤长	针织内裤从后腰宽的$\frac{1}{4}$处向下量至裤口边；针织外裤沿裤缝由腰侧边垂直量至裤口边
	直裆	针织内裤中的长裤，将裤身对折，从腰口边向下斜量至裆角处；三角裤从腰口最高处量至裆底；针织外裤由裤腰边直量至裆底
	臀围	由腰边向下至裆底$\frac{2}{3}$处横量一周
	横裆	针织内裤中的长裤，将裤身对折，从裆角处水平横量至外侧；三角裤从裤身最宽处横量；针织外裤从裆底处横量
	腰头宽	腰边横量

①一般用于收腰的非短装针织服装。

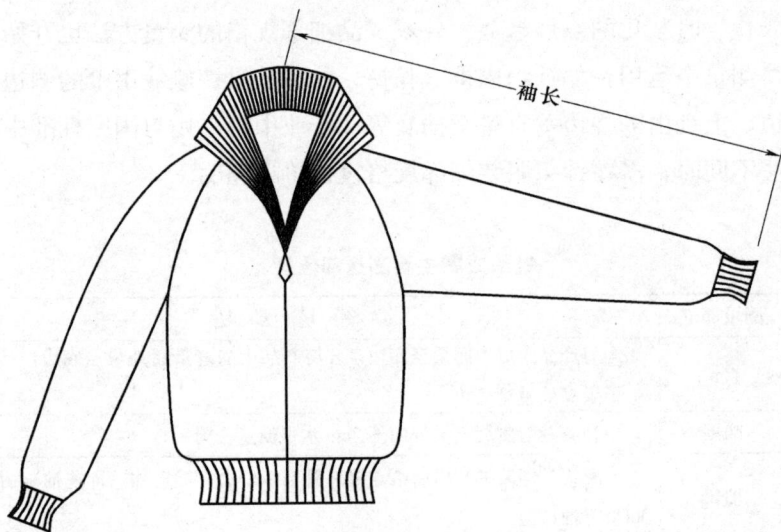

图1-3-1

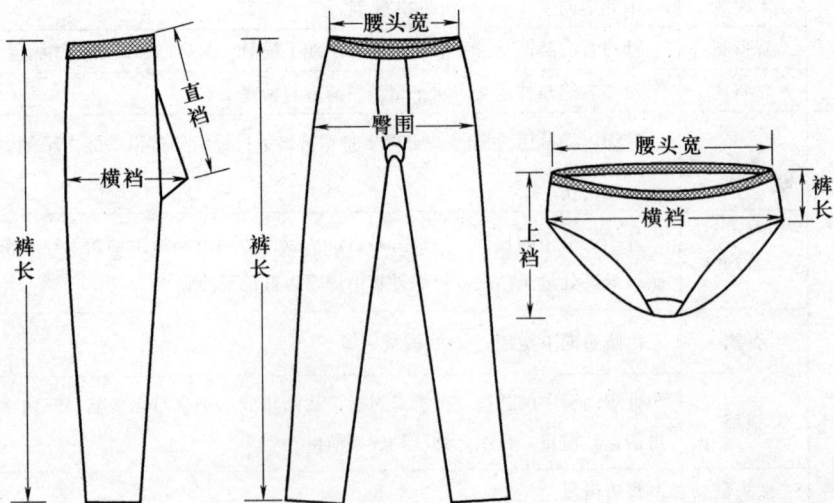

图1-3-2

第四节　针织服装制图工具、符号与部位代号

一、制图工具

米尺：以公制为计量单位。

丁字尺：两条边呈 90°的尺子，主要用于绘制垂直相交的线段。

弯尺：呈弧形的尺子，主要用于绘制侧缝、袖缝等长弧线，可使绘制线条光滑（图 1－4－1）。

三角尺：三角形的尺子，一般其中一个角为直角，其余为锐角。

比例尺：绘图时用来度量的工具，其刻度系按长度单位缩小或放大若干倍。

圆规：绘圆时用的绘图工具。

曲线板：绘曲线用的薄板。

描线轮：复制结构设计时用的工具（图 1－4－2）。

图 1－4－1

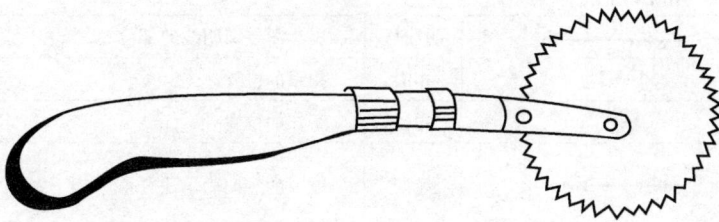

图 1－4－2

二、制图符号及其意义

要实现设计师的设计意图，就要把设计师的效果图变为结构图。结构图要简洁明了，就要有相应的制图符号，服装制图符号见表 1－4－1。

表1-4-1 制图符号及意义

序号	符号	名称	说明
1	————————	细实线	制图时所画的基础线
2	————————	粗实线	衣片的轮廓线,裁剪时必须在此线外加放缝份
3	⌒⌒⌒⌒	等分线	表示衣片的某一部分分成若干个相等的小段
4	—·—·—·—	点划线	衣片连折不可裁开的线
5	—··—··—	双点划线	用于服装的折边部位
6	— — — —	虚线	影示背面的轮廓线
7	⊢——⊣ ⊦⊢ ⫫	距离线	表示衣片某部位两点间的距离
8	⫴ ⫴ ⫽	裥位线	顺向折裥自高向低的折倒方向
9	⧗ ⧗ ⧗	省道线	省道的实际缉缝形状
10	⌐	垂直线	两条直线垂直相交呈90°
11	○ ■ ▲ △	等量号	尺寸相同的标记符号
12	✕	重叠号	衣片交叉重叠
13	▥▥▥	罗纹号	衣服下摆、袖口等处装罗纹边
14	┆┆	塔克线	衣片折叠后缉的线迹
15	▲▲▲	司马克	用于服装装饰,也叫打揽
16	⊤⊤⊤⊤	碎褶号	用于衣片需要收碎褶的部位
17	- - - - -	明线号	衣片需要缉明线的部位
18	⊢—⊣	扣眼	扣眼的位置
19	⊕	扣位	纽扣的位置
20	←——→	经向	原料的经向表示法
21	——→	顺向	毛绒顺向一致
22	———<	开省	省道需要剪开的部位
23	⊕	钻眼号	用于衣片某部位的定位标记
24	<	刀眼号	用于衣片某部位的对刀标记

续表

序号	符 号	名 称	说 明
25	○	净样号	衣片无缝头的标记
26		毛样号	衣片有缝头的标记
27		拼接号	在服装零部件拼接时用
28		归拢号	用于表示需熨烫归并、缩拢的部位
29		拔开号	用于表示需熨烫抻开的部位
30		省略号	制图时表示省略长度的标记
31	✕	否定号	用于作废线条的标记

三、服装制图主要部位代号

为了使结构制图清晰明了，往往在主要部位用代号来表示。服装制图常用部位代号见表1-4-2。

表1-4-2　服装制图常用部位代号

序号	部 位 名 称		代 号
	中 文	英 文	
1	领围	Neck Girth	N
2	胸围	Bust Girth	B
3	腰围	Waist Girth	W
4	臀围	Hip Girth	H
5	领围线	Neck Line	NL
6	胸围线	Bust Line	BL
7	腰围线	Waist Line	WL
8	臀围线	Hip Line	HL
9	肘线	Elbow Line	EL
10	膝围线	Knee Line	KL
11	横裆线	Crotch Line	CL
12	袖窿弧线	Arm Hole	AH
13	胸点	Bust Point	BP
14	肩颈点	Side Neck Point	SNP
15	颈前点	Front Neck Point	FNP
16	颈后点	Back Neck Point	BNP
17	肩端点	Should Point	SP
18	长度（衣、裤、裙）	Length	L
19	袖长	Sleeve Length	SL
20	横肩宽	Shoulder	S

第五节　针织服装结构设计的方法

服装结构设计的方法分为平面构成法和立体构成法。立体构成法是适合于立体造型比较复杂、面料悬垂性好的针织服装；而平面构成法是适合于立体造型比较简单的针织服装。

一、立体构成法

立体构成法（也称为立体裁剪法）是直接将面料披挂在人体模型上，根据设计构思及面料的悬垂性，运用边观察、边造型（即对面料进行叠褶、捏省、提拉等）、边裁剪的手法，裁剪出指定款式的衣片的一种结构设计方法。

由于立体裁剪是一种模拟人体穿着状态的裁剪方法，可直接感知成衣的穿着形态、特征及放松量等，能简便、直接地观察人体体型与服装构成关系。这种方法不受计算公式的限制，而是凭设计的理念及感官来进行创作，更适用于款式多变和个性化强的时装的结构设计。在操作过程小，可以边设计、边改进，随时观察设计效果、修正问题，对于在平面裁剪中许多难以解决的造型问题可以迎刃而解。但是，立体裁剪需要一定的操作条件，成本费用高，同时，其最终结果受人体模型的标准程度、操作者的技术素质和艺术修养等因素的影响。

采用立体构成的方法时，一般整件服装可全部采用立体裁剪的方法来完成，也可以采用立体与平面相结合的手法来进行。对于整体立体形态复杂的服装，可以采用第一种方法；对于整体立体形态中局部部件（部位）造型比较复杂，而局部部件（部位）造型比较简单的服装，可采用立体与平面裁剪相结合的方法进行。

二、平面构成法

服装平面构成法，也称为平面裁剪法，首先考虑人体特征、款式造型、控制部位的尺寸，结合人体的动作、对舒适性的要求及面料性能（延伸性、弹性、悬垂性等），运用细部规格的分配比例计算方法或基础样板的变化等技术手法，通过平面制图的形式绘制出所需要的结构图。

平面裁剪法分为比例分配法、短寸法、定寸法、直接注寸法、原型法和母型法。

1. 比例分配法

根据人体的基本部位的特征和各部位间的相互关系，结合针织服装的细部规格，运用一定比例公式并加或减一定的调节数，计算出针织服装结构图中的各细部尺寸。

比例分配法上装细部制图公式以胸围为主，下装以臀围、腰围为主。目前常用的比例分配法有四分法、三分法、十分法。

2. 短寸法

短寸法是先测量人体各部位尺寸，再根据这些所测得的尺寸逐一绘制出衣片相应各部位的一种方法。

3. 定寸法

定寸法是在长期使用短寸法的实践中总结出的更简单、快捷的心算方法。

4. 直接注寸法

直接注寸法是将通过立体裁剪或其他方式得到的服装全部纸样数据直接标注在平面结构图上的一种方法。

在上述的平面构成法中，比例法所用计算公式是实践经验总结后的升华，计算公式较为稳定，比例分配相对合理，具有较强的操作稳定性，因此非常适合于一些定型产品和款式较简单的针织服装结构设计，对于初学者来说简单易学。短寸法、定寸法和直接注寸法都没有计算公式，凭经验操作，对于初学者来说不易掌握。

5. 原型法

原型就是根据人体主要部位的尺寸（胸围、背长、肩宽、袖长、臀围、腰围、裙长、裤长等），加上最少的放松量，制成几乎与人体贴合的基本型。原型法就是在原型的基础上根据款式设计及面料性能等不同的需要，增加或减少放松量，并通过切展、折叠等手法，实现各种款式的服装结构图设计。

服装原型可以通过两种方法取得。一种是将纸用裱糊的方法在服装人体模型上塑造——立体造型，待干后，将这个立体造型按照服装结构裁片展开，即成为服装原型。另一种是用面料在人体模型上贴身塑造，找准颈围、袖窿、胸围、腰围、臀围、腿根围、上臂围的位置和围度，再找准颈窝点、第七颈椎点、左右肩颈点、肩头、胸高点、上裆高的位置和距离，画好线作出记号，然后取下平面展开，即为服装原型。

原型法的实用价值是：首先，能减少测量部位，从而避免因测量者的技术或测量工具的误差而引起误差；第二，制作过程容易，原型使用的公式是从大量的人体部位数据采样，经过统计分析而得出的，具有一定的科学性；第三，适用度高，既能满足人体静态的美观要求，又能满足人体运动时的舒适性要求；第四，应用、变化容易。

原型可根据性别、年龄而分类，也可根据服装种类、制图方法的不同而有所不同，如日本的文化式原型、登丽美式原型等。常用的女装原型大致可分为以下四类。

（1）前衣身省道量集中于腰围线上的原型：这类原型的胸部隆起部分，以在腰围线下的形式集中表现出来，胸部隆起程度可直观地看出。此类原型不但适宜作女衬衫、春秋衫的结构图，而且可以用于制作腰围线上作分割的外衣结构图。日本的文化式原型（图1-5-1）、登丽美式原型（图1-5-2）就属于此类原型。

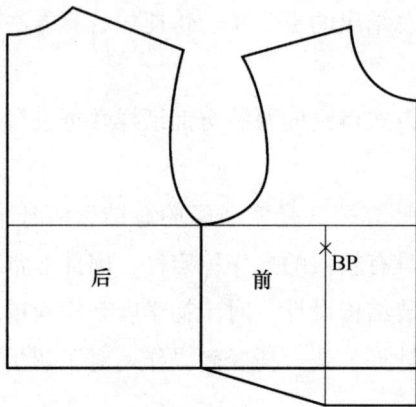

图1-5-1　　　　　　　　　　　　图1-5-2

（2）腰围线呈水平状的原型：这类原型胸部隆起部分以腋下省、袖窿省的形式表现，形成的腰围线呈水平状态，便于制作宽松的外衣、大衣纸样（图1-5-3、图1-5-4）。

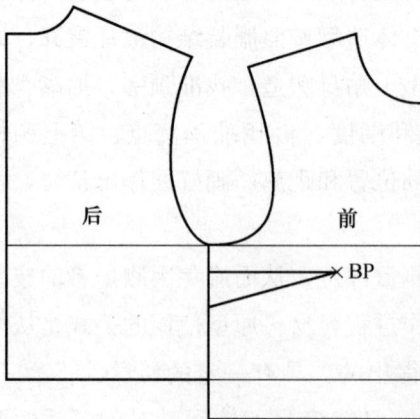
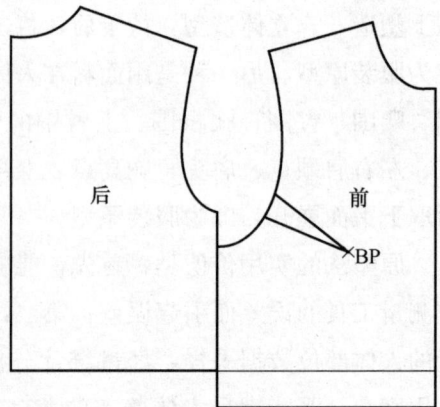

图1-5-3　　　　　　　　　　　　图1-5-4

（3）胸部隆起部分分为两部分省缝形式的原型：此类原型由于包含胸、腰两部分省量，特别适宜制作胸部很丰满以及立体感强的贴体服装。英国、美国、意大利等的时装学校多使用此类原型（图1-5-5、图1-5-6）。

（4）上衣原型和裙子原型合二为一的原型：此类原型用于制作连衣裙、大衣等服装纸样，使用较方便，多为英国、法国等的时装学校使用（图1-5-7、图1-5-8）。

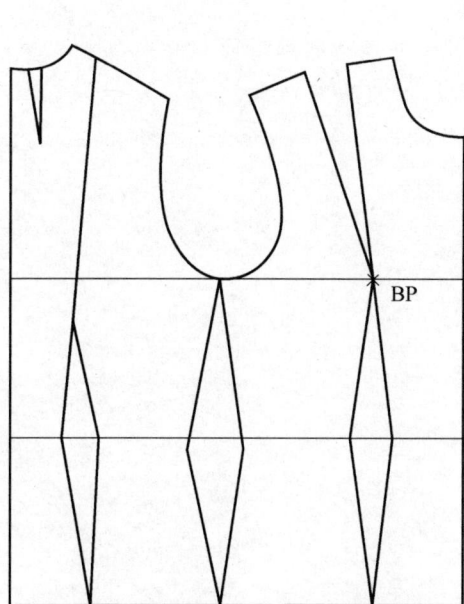

图1-5-5　　　　　　　　　　图1-5-6

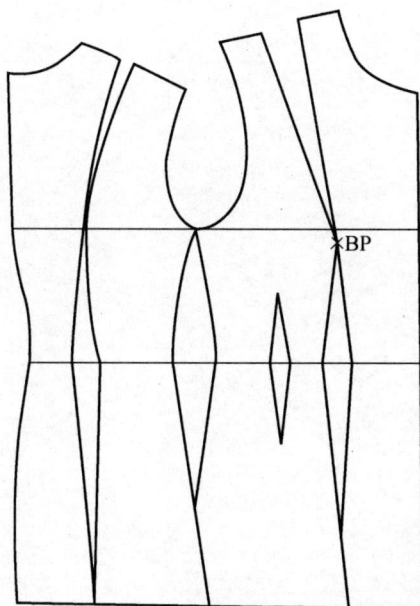

图1-5-7　　　　　　　　　　图1-5-8

6. 母型法

母型法建立在原型法基础之上，以与设计服装品种款式造型最接近的服装纸样作为母型，对母型进行局部造型调整（可通过切展、折叠等手法），最终制作出所需服装款式的纸样。一方面，由于母型法步骤少、制板速度快，常为企业制板时采用；另一方面，原型法和母型法比较科学、实用，并易于各种款式造型的变换。因此，本书所涉及的上装结构设计就是以母型法为基础展开论述的。

复习与作业

1. 为何要确定人体测量基准点？

2. 上装、裤装和裙装各要采集人体哪些部位尺寸？实际采集一个人体对象的上装、裤装和裙装尺寸。

3. 什么是针织服装示明规格？用于针织服装的示明规格有哪些？

4. 什么是号型制？什么是领围制？什么是胸围制？

5. 目前针织服装内外衣的号型制各如何表示？

6. 如何设计针织服装的细部规格？

7. 简述针织成衣规格测量的目的及注意事项。

8. 简述针织服装结构设计的方法。

专业理论知识及专业技能——

针织裤装结构

课程名称： 针织裤装结构

课程内容： 1. 针织裤装的分类及结构线名称

2. 针织外裤的基本结构及结构变化

3. 针织内裤的基本结构及结构变化

4. 针织裤装样板设计

上课时数： 8课时

教学提示： 将针织裤装的穿着方式、结构设计特点相结合来阐述针织裤装结构设计的基本原理，通过讲解裤装结构变化的设计实例，引导学生能根据基本结构设计来拓展设计各种结构变化的针织裤装。

布置本章作业，并保留在课堂上提问和交流的时间。

教学要求： 1. 使学生掌握针织外裤的基本结构设计方法。

2. 使学生了解针织外裤结构变化的设计要领。

3. 使学生掌握针织内裤的基本结构设计方法。

4. 使学生了解针织内裤结构变化的设计要领，了解针织内裤结构设计的变化趋势。

5. 使学生掌握针织裤装的样板设计要领。

第二章　针织裤装结构

裤装是覆盖人体腰节线以下，贴合人体臀部，在髋底部构成裆底的下装。随着针织技术的发展，针织面料的花色品种越来越多，针织裤装不再仅仅是棉毛裤、三角裤等内裤类，针织裤装涵盖面越来越广，并且越来越受消费者的喜爱。

第一节　针织裤装的分类及结构线名称

一、针织裤装分类

针织面料的多样性使针织裤装的品种多样化，款式结构繁多。针织裤装类别非常广泛，很难以单一的形式进行分类，因此可根据穿着层次、长度、外形轮廓、裤腰形式、穿着场合及用途、性别和年龄、材料等分类。

1. 按穿着层次分

这种分类方法把针织裤装分为内裤和外裤两大类，针织内裤与外裤在结构设计上有明显的差异。

2. 按长度分

有迷你裤［图2-1-1 (a)］、短裤［图2-1-1 (b)］、中裤［图2-1-1 (c)］、中长裤［图2-1-1 (d)］、踏脚裤［图2-1-1 (e)］、长裤［图2-1-1 (f)］等。

3. 按外形轮廓分

有三角裤［图2-1-2 (a)］、灯笼裤［图2-1-2 (b)］、马裤［图2-1-2 (c)］、裙裤［图2-1-2 (d)］、喇叭裤［图2-1-2 (e)］、西裤［图2-1-2 (f)］、直筒裤［图2-1-2 (g)］等。

4. 按裤腰形式分

有连腰裤［图2-1-1 (f)、图2-1-2 (c)、图2-1-2 (g)、图2-1-2 (h)等］、装腰裤［图2-1-1 (b)、图2-1-1 (d)、图2-1-2 (f)等］、高腰裤［图2-1-2 (g)］、低腰裤［图2-1-1 (c)］等。

5. 按穿着场合及用途分

有居家裤、运动裤、休闲裤、西装裤等。

图 2-1-1

图 2-1-2

6. 按性别年龄分

有男裤、女裤、童裤等。

结合针织面料的特性、针织裤装的穿着用途以及目前行业内对针织裤装的结构设计方法，本章将针织裤装分为针织外裤和针织内裤基本结构设计两大类。

二、针织裤装主要结构线名称

针织外裤和内裤的主要结构线和辅助线名称分别如图 2-1-3、图 2-1-4 所示。

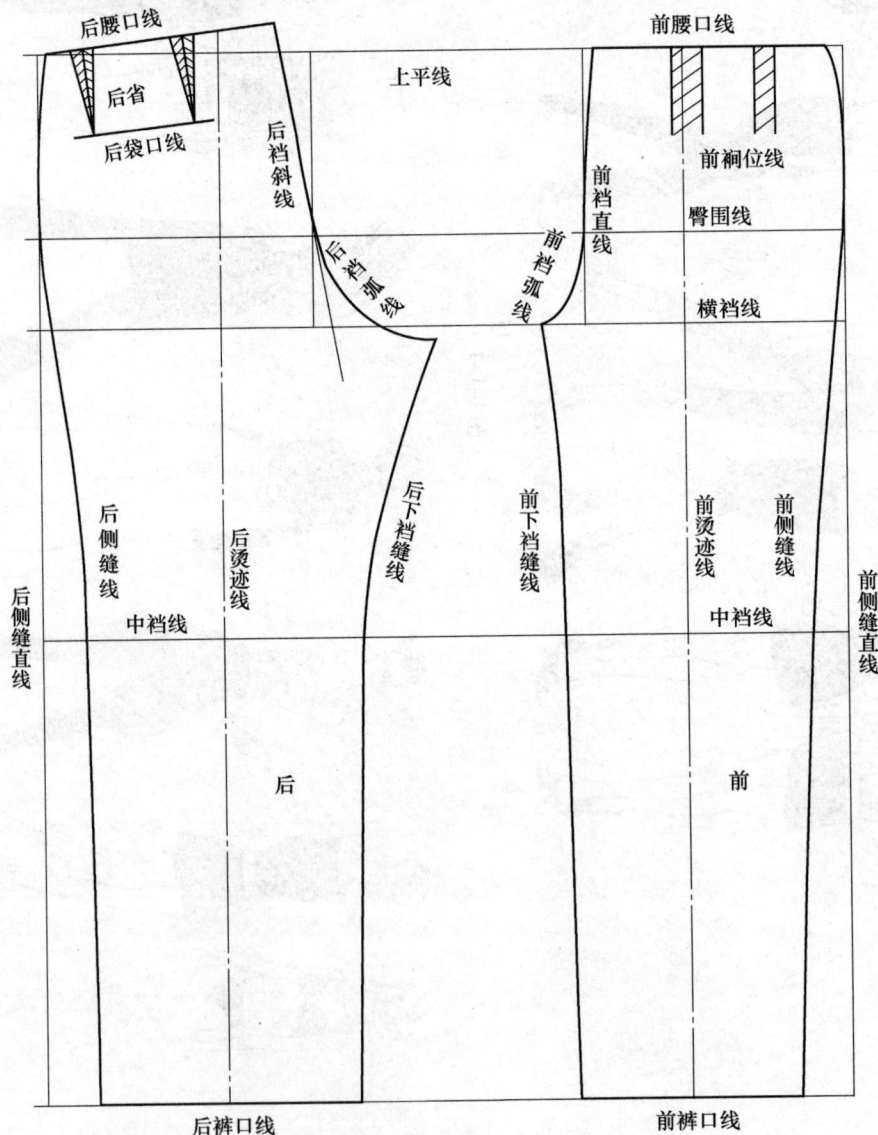

图 2-1-3

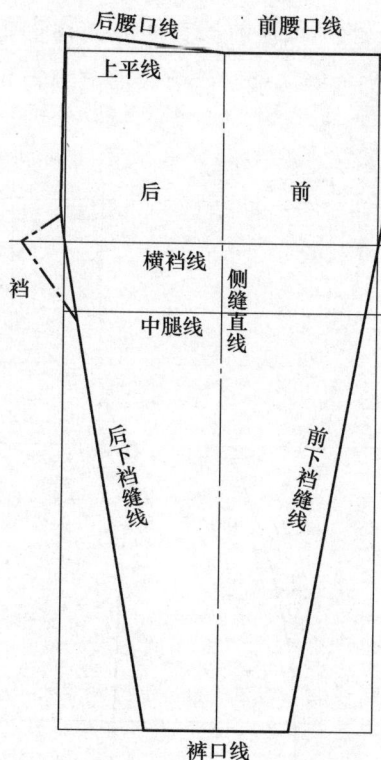

图 2 - 1 - 4

第二节 针织外裤的基本结构及结构变化

随着针织面料和现代时装的发展，针织外裤可以设计成正装裤，也可以设计成非常随意、休闲的居家裤和运动、休闲裤，还可以是时装裤等。

一、针织外裤基本结构设计

1. 前片制图[图 2 - 2 - 1(a)]

（1）作前侧缝直线 ab；上平线 a，裤口线 b；横裆线 c；臀围线 d；中裆线 e；取 $ab=$ 裤长—腰头宽，$ac=$ 上裆—腰头宽，$cd=\dfrac{ac}{3}$，$de=\dfrac{db}{2}+$ ⓐ，中裆线的高低取决于款式：紧身的可上提，宽松的可下降，ⓐ值取值范围为 $0\sim5$cm。

（2）作前臀围大 dd'：$dd'=\dfrac{H}{4}-1$，过 d' 点作前臀宽线 $a'c'$ // ac。

（3）作前裆宽 $c'c''$：$c'c''=\dfrac{H}{20}-$ ⓑ。ⓑ值取值范围为 $0\sim1$cm。

（4）作前烫迹线：cc'' 的中点往前裆直线方向移ⓒ值得 f 点，过 f 点作前侧缝直线 ab 的平行线即为前烫迹线。ⓒ值取值范围为 $0\sim0.8$cm。

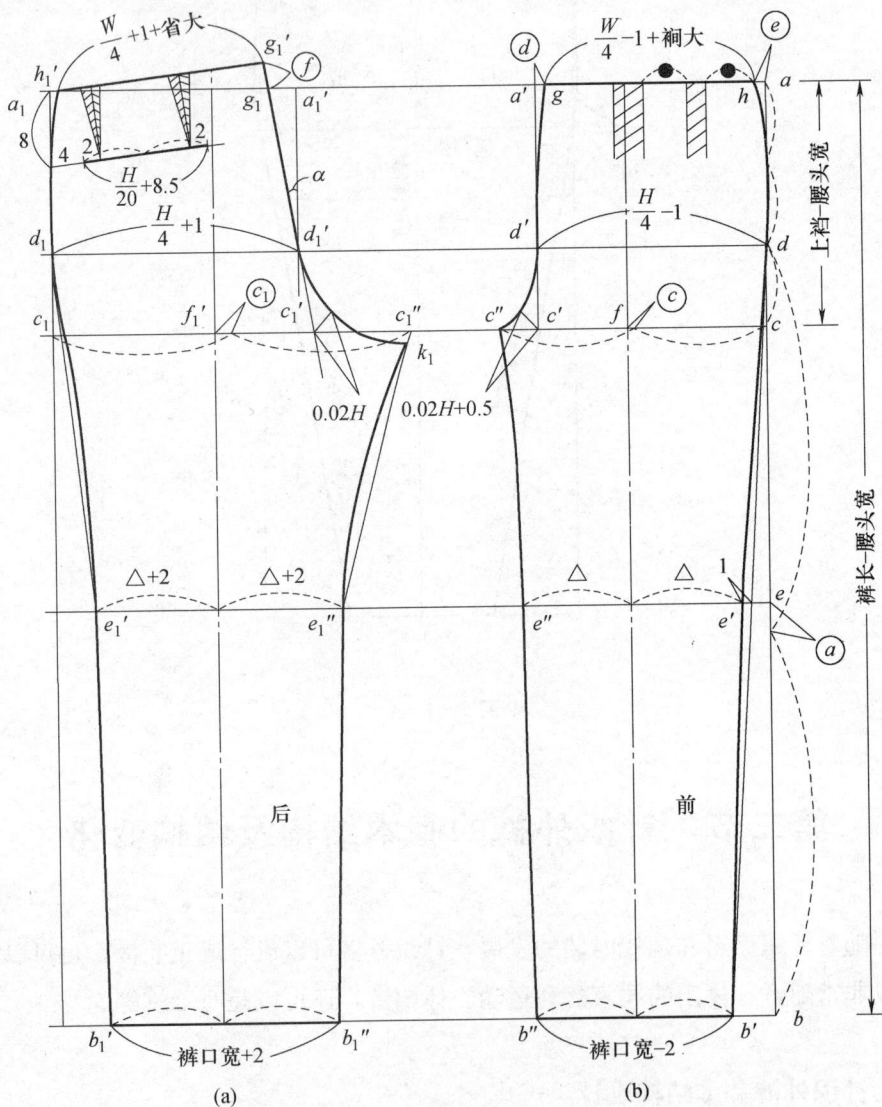

$$\dfrac{W}{4}+1+省大$$

$$\dfrac{W}{4}-1+裥大$$

$$\dfrac{H}{20}+8.5$$

$$\dfrac{H}{4}+1$$

$$\dfrac{H}{4}-1$$

上裆腰头宽

裤长－腰头宽

$0.02H$　$0.02H+0.5$

△+2　　△+2　　　△　　　△ 1

后　　　　　　　　　前

裤口宽+2　　　　　　裤口宽-2

(a)　　　　　　　　　(b)

图 2-2-1

（5）作前裆直线和前裆弧线：取前裆直线撇势 $a'g=$ ⓓ，取前裆弧线凹势 $=0.02H+0.5$cm，过 g 点、d' 点、前裆弧线凹势点、c'' 点画顺弧线，即为前裆直线和前裆弧线。ⓓ值取值范围为 $0\sim1$cm。

（6）作前裤口宽 $b'b''$ 和定前中裆大 $e'e''$：取 $b'b''=$ 裤口宽 -2cm；连接 db' 与中裆线相交且往前烫迹线方向移 1cm 得 e' 点，以前烫迹线为对称线得 e'' 点，$e'e''$ 为前中裆大。

（7）作前侧缝线和前下裆缝线：取前侧缝线撇势 $ah=$ ⓔ，过 h 点、d 点、

e'点、b'点画顺前侧缝线；ⓔ值取值范围为 $0\sim3cm$。过 c''点、e''点、b''点画顺前下裆缝线。

（8）前腰裥的确定：对于匀称体型，不论裥数多少，一般每个裥量控制在 $2\sim4cm$，靠近烫迹线处的裥量可取略大些。前腰裥总量可按下面公式计算：

$$前腰裥总量 = \frac{H-W}{4} - ⓓ - ⓔ$$

前腰裥的位置一般以前烫迹线为参考依据（图 2-2-2）。如果是一个裥，可按图 2-2-2（a）、图 2-2-2（b）方法定；两个裥，可按图 2-2-2（c）、图 2-2-2（d）、图 2-2-2（e）、图 2-2-2（f）方法定；三个或三个以上裥，可按图 2-2-2（g）、图 2-2-2（h）方法定。

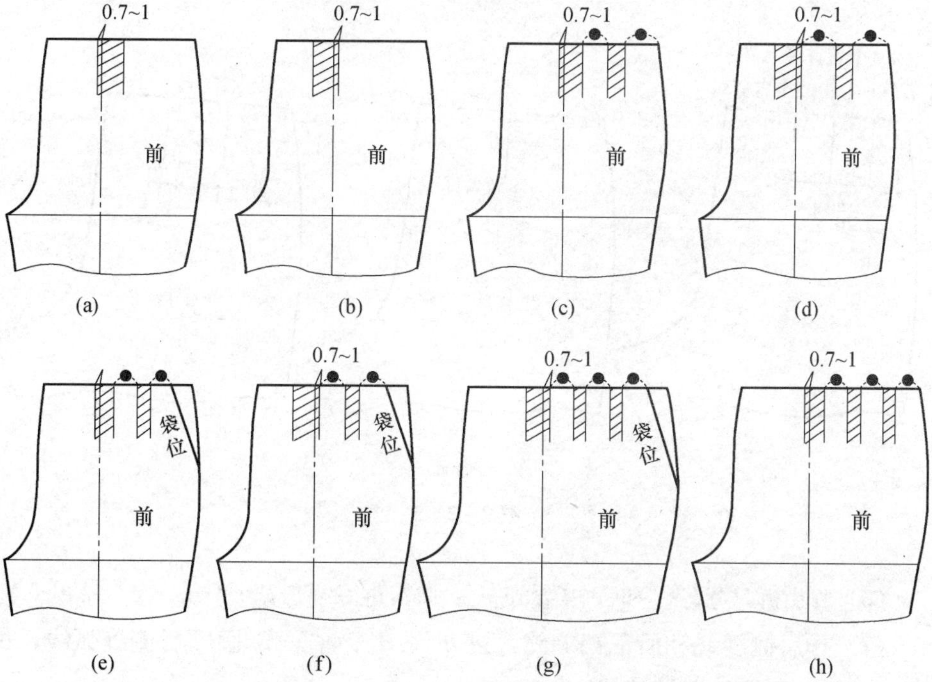

图 2-2-2

2. 后片制图 [图 2-2-1 (b)]

（1）将前裤片的上平线、臀围线、横裆线、中裆线和裤口线分别延长。

（2）作后臀围大 $d_1 d_1'$：$d_1 d_1' = \frac{H}{4} + 1$，并过 d_1点、d_1'点分别作后侧缝直线和后臀围线。

（3）作后裆斜线和后裆弧线：过 d_1'点作倾斜角 α 为后裆斜线，α 一般为 $0°\sim15°$范围内；后裆斜线与横裆线相交得 c_1'点，取 $c_1'c_1'' = \frac{H}{10} + ⓑ_1$，$c_1''$点向下落 $0\sim2cm$，即得 k_1点，取后裆弧线凹势 $= 0.02H$，过 g_1点、d_1'点、后裆弧

27

线凹势点、k_1 点，画顺后裆斜线和后裆弧线。ⓑ₁ 值取值范围为 $-2\sim2\text{cm}$。

（4）作后烫迹线：c_1c_1'' 的中点向后侧缝线方向偏移ⓒ₁值得 f_1 点，过 f_1 点作 ab 的平行线即为后烫迹线。ⓒ₁ 值取值范围为 $0\sim2\text{cm}$。

（5）作后腰口线：取后裆斜线翘势 $g_1g_1'=$ ⓕ，取 $g_1'h_1'=\dfrac{W}{4}+1+$ 省大。

ⓕ值取值范围为 $0\sim3.5\text{cm}$。对于匀称体型，不论省道数多少，每个省道量一般男裤为 $1.5\sim2.5\text{cm}$，女裤为 $2\sim3\text{cm}$。

后腰省的位置与有无后袋有关。有后袋时，定位大小、袋位位置及后腰省位置可按图 2-2-3（a）方法定，无后袋时可按图 2-2-3（b）、图 2-2-3（c）方法定。

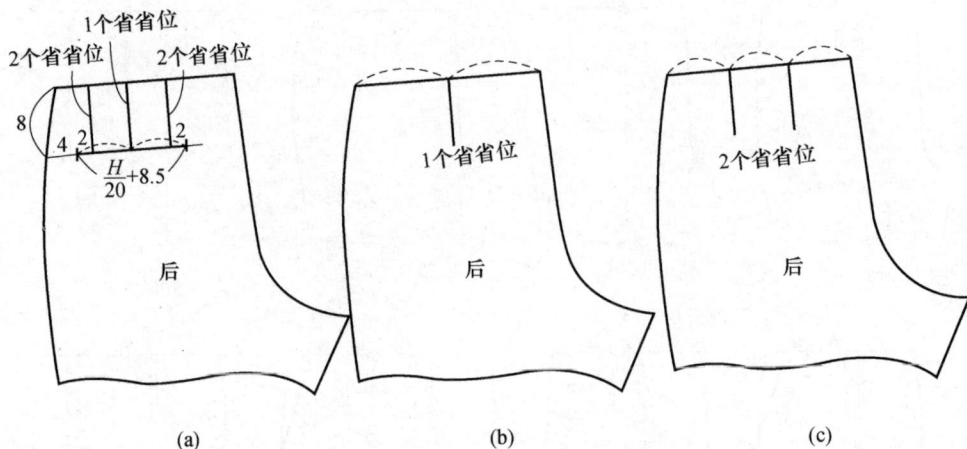

图 2-2-3

（6）作后裤口宽 $b_1'b_1''$ 和后中裆大 $e_1'e_1''$：取 $b_1'b_1''=$ 裤口宽 $+2\text{cm}$，$e_1'e_1''=e'e''+4$。

（7）作后侧缝线和后下裆缝线：过 h_1'、d_1、e_1'、b_1' 画顺后侧缝弧线，过 c_1''、e_1''、b_1'' 画顺后下裆缝线。

3. 变量值与款式合体度关系

上述制图中的变量值大小与裤装的合体度关系见下表。

变量值与款式合体度关系 单位：cm

变量代号	款式部位	变量取值	裤装造型风格
ⓐ	中裆位置调整值	0➡5	
ⓑ	前裆宽调整值	0➡1	宽松➡紧身
ⓒ	前烫迹线位置调整值	0➡0.8	
ⓓ	前裆缝撇势	0➡1.5	

续表

变量代号	款式部位	变量取值	裤装造型风格
e	前侧缝线撇势	0➡3	
α	后裆斜线倾斜度	0°➡15°	
b_1	后裆宽调整值	2➡-2	宽松➡紧身
c_1	后烫迹线位置调整值	0➡2	
f	后裆缝翘势	0➡3.5	

二、针织外裤结构变化

1. 女西裤

款式特点：上裆较短，腰围规格略微放大，前片烫迹线绱线，褶裥隐藏于绱线中，后片设置一个省道，裤身在臀部比较合体，款式效果如图2-2-4所示。面料一般选用结构较稳定的双面针织面料。结构设计如图2-2-5所示。

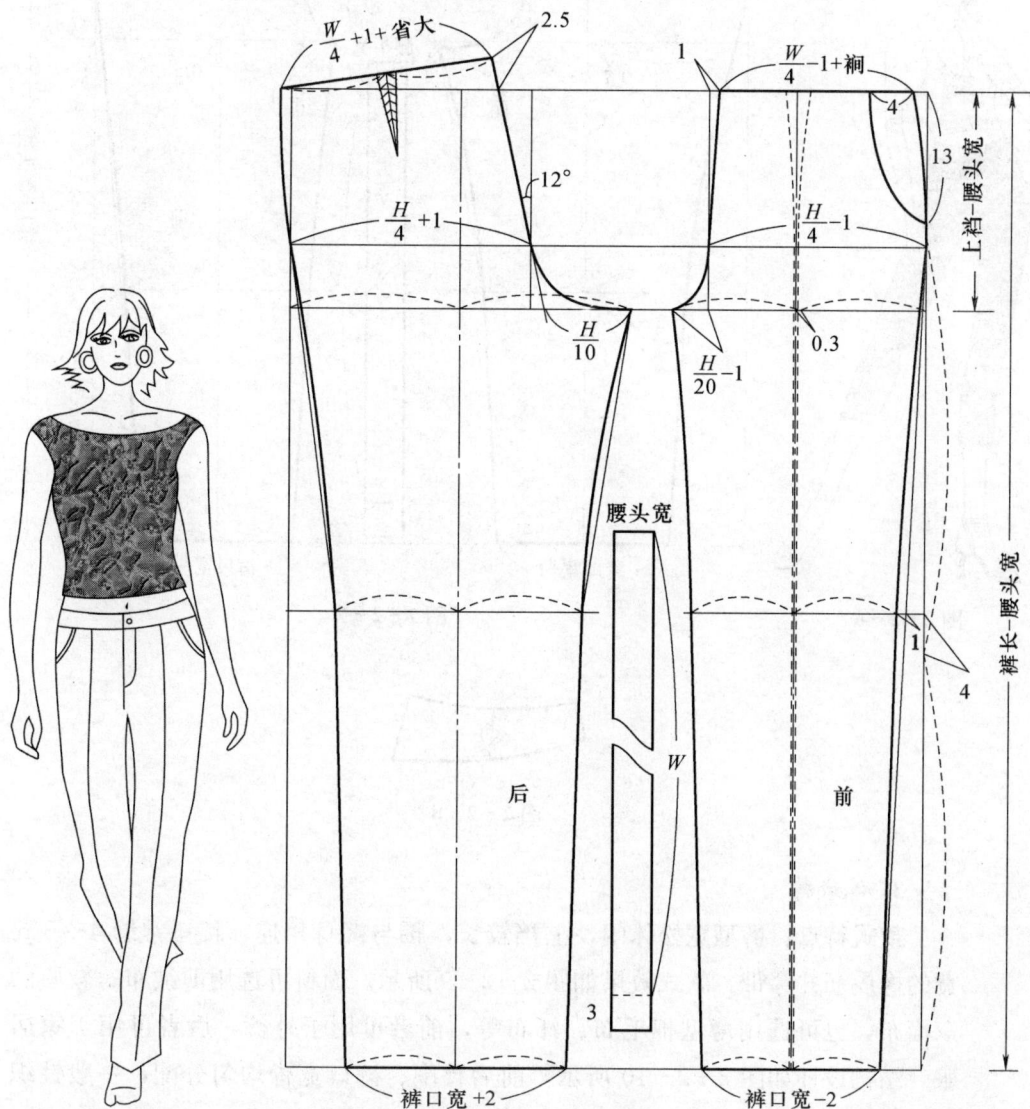

图2-2-4　　　　　　　　　图2-2-5

2. 中裤

款式特点：裤型紧身合体，前片腰围处无褶裥，月亮袋；无省道，腰口附近设有横向拼接（即育克），后省道可转移至此，款式效果如图2-2-6所示。面料一般选用有一定弹性、厚度和硬挺度的针织面料。结构设计如图2-2-7所示，制作样板时将后片育克的省道合并（图2-2-8）。

图2-2-6

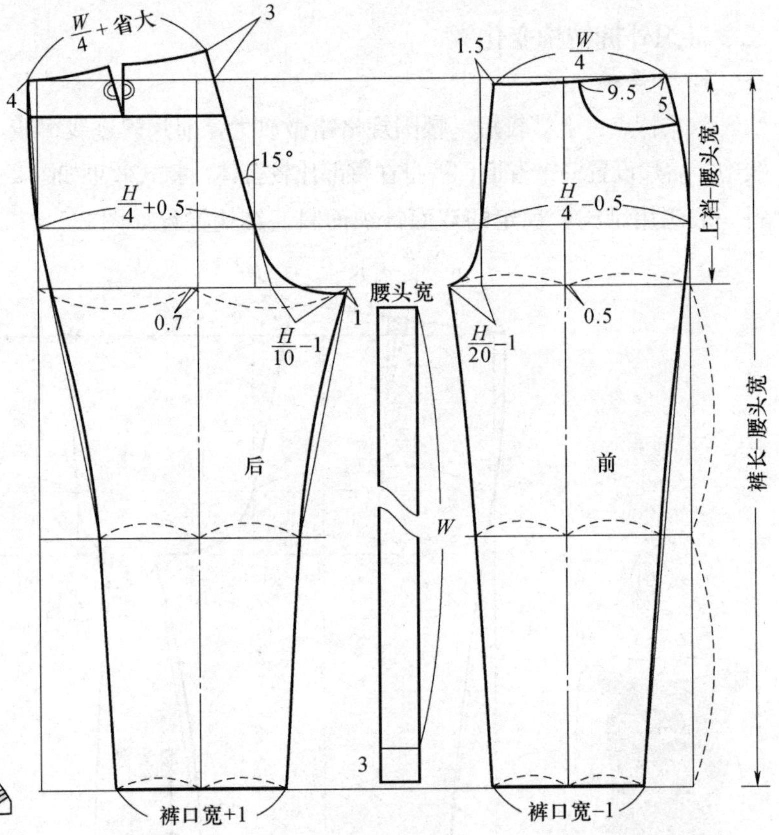

图2-2-7

图2-2-8

3. 薄绒裤

款式特点：裤型宽松休闲，上裆较长，腰与裤身相连，腰口常缝4~5cm宽的橡皮筋并穿带，款式效果如图2-2-9所示。面料可选用薄绒布、较厚的双面布，也可选用薄型棉毛布、汗布等，前者可用于外裤，后者可用于家居服。结构设计如图2-2-10所示，前后臀围、裤口宽皆均匀分配，一般针织行业内都有横裆规格要求，结构图中的前后裆宽按横裆规格设计。若此裤型裤口装有罗纹口，则图 2-2-10 中的裤口线距上平线的距离为裤长－罗纹口长。这类裤型也可按本章第三节针织内裤结构设计方法设计。

图 2-2-9

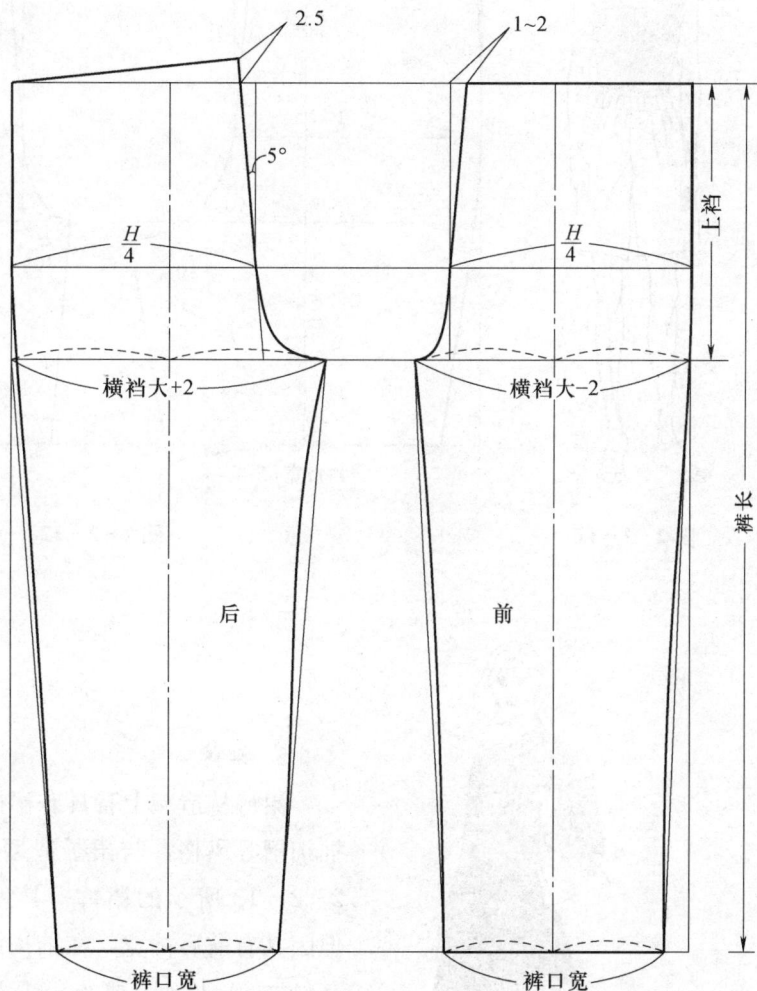

图 2-2-10

4. 沙滩裤

款式特点：裤型宽松休闲，上裆较长，腰与裤身相连，腰口常缝 4～5cm 宽橡皮筋并穿带，款式效果如图 2-2-11 所示。面料可选用汗布、薄型双面布、珠地网眼布等。结构设计如图 2-2-12 所示，结构设计时后裆弧线下落 1.5～2cm，并使前后下裆缝线基本相等。

图 2 - 2 - 11

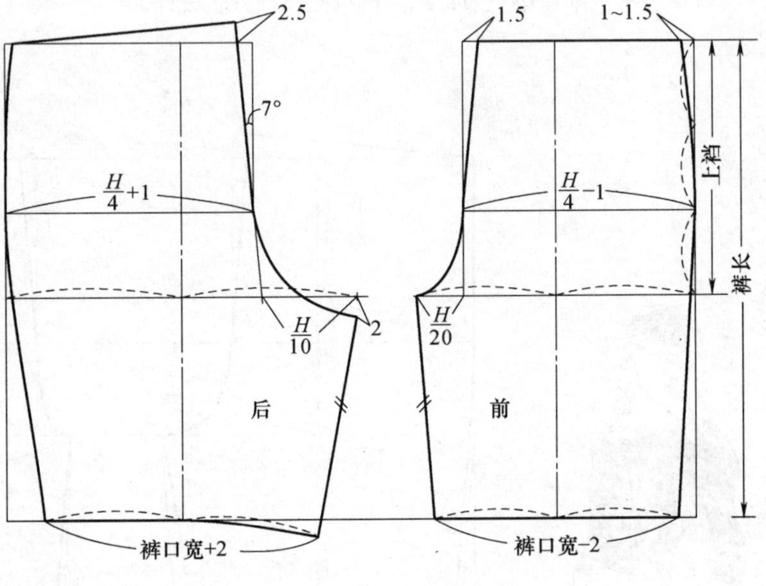

图 2 - 2 - 12

图 2 - 2 - 13

5. 裙裤

裙裤从造型上看具有裙摆的波浪感、打褶裥、抽细褶等风格，与裙子造型相似（款式效果如图 2-2-13 所示的裙裤，其外形与 A 字裙相似）。但因其有前后裆宽，在结构设计上与裤子较相似。其结构设计制图要点：上裆比普通裤子长 2～4cm，前后裆宽比普通裤子大，一般可采用：前裆宽 $=\dfrac{H}{12}$，后裆宽 $=\dfrac{H}{8}$。裤口向外展开成裙摆形，展开角 β 视裙裤摆的大小而定，一般可取 0°～10°，结构设计如图 2-2-14 所示。

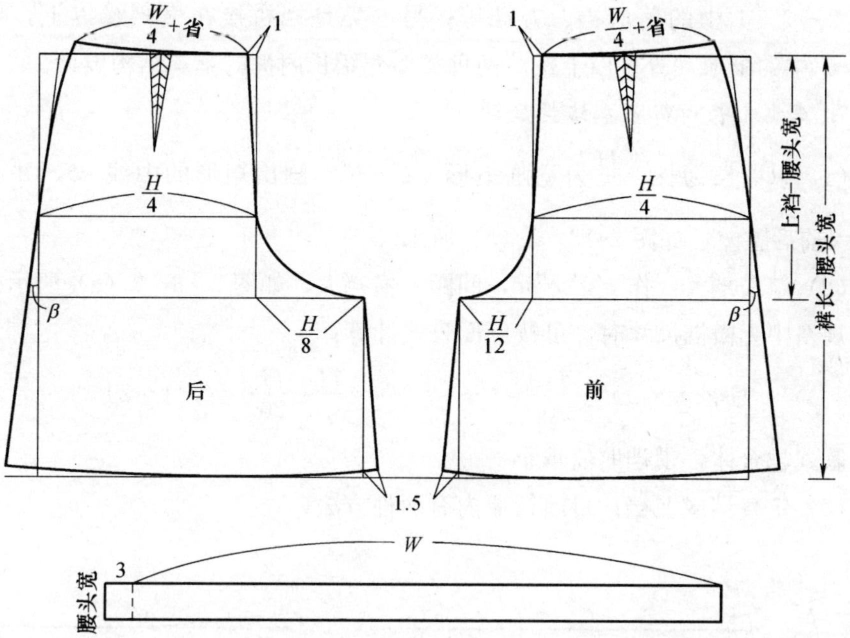

图 2-2-14

第三节　针织内裤的基本结构及结构变化

　　针织内裤一般采用拼裆结构，其裆的形式种类繁多。图 2-3-1 是目前针织内裤常用裆的结构，其中菱形裆、方裆、伞形裆用于内裤中的长裤（后简称内长裤），琵琶裆主要用于女式三角裤。由于针织内裤与三角裤的裆结构设计方法相差较大，本节从内长裤和三角裤两个方面介绍。

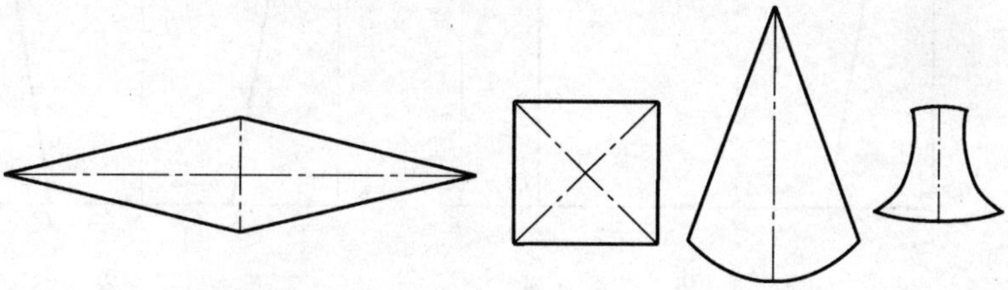

| 菱形裆 | 方裆 | 伞形裆 | 琵琶裆 |

图 2-3-1

一、拼裆类长内裤基本结构设计

　　目前针织长内裤中拼裆结构可以分为两类，一类是裆拼接在横裆线以下，如图 2-3-1 中的菱形裆、方裆等；另一类是裆拼接在横裆线以上，如图 2-3-1 中的伞形裆等。以下按此两种类型介绍长内裤的基本结构设计。

1. 类型 Ⅰ 长内裤基本结构设计

（1）以裤长为长、$\frac{H}{2}$ 为宽画矩形 $a'a''b''b'$，画出矩形的中线 ab，并画出 $a'a'''=$ 前后腰差，如图 2-3-2（a）所示。

（2）定横裆大：作 $g'g''/\!/ab$，间距＝横裆大，如图 2-3-2（a）所示。若成品规格中无横裆尺寸时，可按下面公式计算：

$$横裆大＝aa'+\frac{H}{20}+（-1\sim2）=\frac{H}{4}+\frac{H}{20}+（-1\sim2）$$

款式越合体，横裆取值越小。

（3）定直裆或上裆：目前行业内有两种方法：

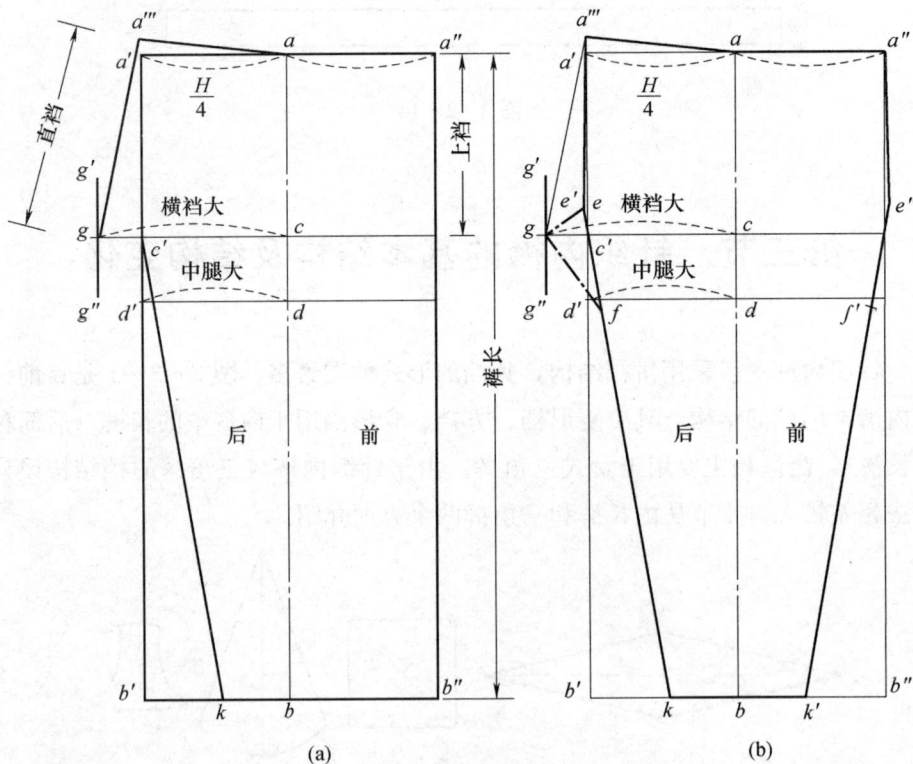

(a)　　　　　　　　　(b)

图 2-3-2

第一，定直裆：作 $a'''g=$ 直裆，与 $g'g''$ 相交于 g 点，并过 g 点作 ab 的垂线，与 ab 相交于 c 点。

第二，定上裆：作 $ac=$ 上裆，过 c 点作 ab 的垂线，与 $g'g''$ 相交于 g 点。

当按国家标准测量（即将针织内裤裤身对折，从后腰口边斜量至裆角处）

时采用第一种方法定直裆位置，这是行业中比较传统的结构设计法。目前随着内衣外衣化，外裤中的上裆测量方法（即由前腰口边垂直量到裆底）也开始在针织内裤的设计中应用，如采用这种测量方法时，则运用第二种方法定上裆位置。

（4）定裤口宽：取 $bk = \dfrac{裤口宽}{2}$，如图 2 - 3 - 2（a）所示。

（5）定中腿宽：中腿线位置离横裆线 cg 为 8～10cm，取 $d'd = \dfrac{中腿宽}{2}$。

若规格尺寸中无中腿规格时，可连接 $c'k$ 与中腿线交点作为参考点，并视款式合体程度及面料性能向外定出中腿大 d' 点，如图 2 - 3 - 2（a）所示。款式越合体，中腿线离横裆线越近，d' 点离交点越近。

（6）定拼裆：连接 gd'，并作 $ge \perp gd'$，在 ge 上取一点 e'，连接 $e'k$，与 gd' 的延长线相交于 f 点。e' 点位置可以调节，但必须满足 $e'e \geqslant 0$ 及 $d'f \geqslant 0$（f 是 gd' 延长线上的一点），如图 2 - 3 - 2（b）所示。直角三角形 $e'gf$ 即为菱形裆（或方裆）的 $\dfrac{1}{4}$ 结构，展开后拼裆结构如图 2 - 3 - 3 所示。

（7）顺次连接点 a、a'''、e'、f、k、b 即为后裤片结构，将后裤片中的 e'、f、k 点以 ab 为对称线横向展开，得对称点 e''、f'、k'，连接 $aa''e''f'k'b$ 即为前裤片结构，如图 2 - 3 - 2（b）所示。其中 fk 和 $f'k'$ 根据款式造型可用弧线连接。

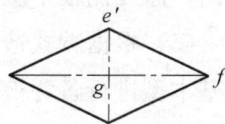

图 2 - 3 - 3

2. 类型Ⅱ长内裤基本结构设计

（1）定臀围、横裆、上裆、裤口、中腿的方法与类型Ⅰ长内裤结构设计的步骤（1）～（5）相同。

（2）定拼裆位置：将 $a'''e = \dfrac{a'''c'}{3} \sim \dfrac{a'''c'}{2}$。

（3）定拼裆大小：连接 eg 和 ed'，ed' 与横裆线相交于 f 点，取 $fd' = hd'$，hd' 与 eg 的延长线相交于 h 点，弧线连接 hd'，如图 2 - 3 - 4 所示，$eghd'$ 即为伞形裆 $\dfrac{1}{2}$ 结构，展开后拼裆结构如图 2 - 3 - 5 所示。

（4）连接 $aa'''ed'kb$ 即为后裤片结构，将后裤片中的 c'、d'、k 点以 ab 为对称线展开，得对称点 c''、d''、k'，连接 $aa''c''d''k'b$ 即为前裤片结构，如图 2 - 3 - 4 所示。其中 $d'k$ 和 $d''k'$ 根据款式造型可用弧线连接。

在缝制时，弧线 hd' 与前裤片中 $c'd''$ 相拼接，因此有些款式中 $c'd'$ 以弧线形式出现，详见以后的内裤变化结构。

3. 三角裤基本结构设计

（1）以上裆长×2为长，以$\dfrac{横裆大}{2}$为宽，画矩形 $a'abb'$，画出下裆线 cc'，如图 2-3-6 所示，并画出 $bb''=$前后腰差。

（2）定裤长：在 $a'b'$ 线上，如图 2-3-6 所示，画出裤长位置。

（3）定裆宽：在 cc' 线上，如图 2-3-6 所示，画出 $cc''=\dfrac{裆宽}{2}$。

（4）画出前后裤口弧线：前片内凹，且凹势较大；后片略往外凸，曲线比较平缓。

（5）根据款式造型设计可对此基本型进行各种裤身分割。

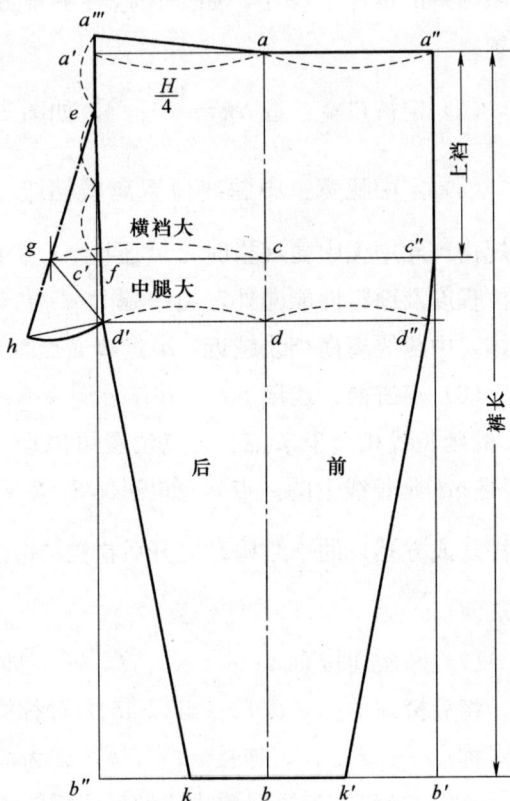

图 2-3-4

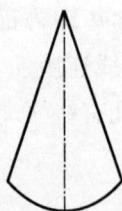

图 2-3-5

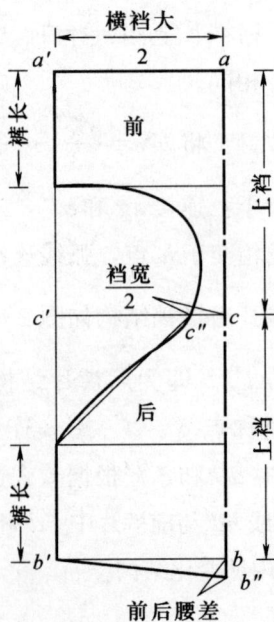

图 2-3-6

二、针织内裤结构变化

1. 女式三角裤

此款较简单，是比较大众化的款型，款式效果图如图 2-3-7 所示。腰口、裤口缝入 1cm 宽的橡皮筋，采用琵琶裆。面料可选用氨纶汗布。结构设计时先按三角裤基本结构设计的方法画出前后裤身，其次前后身的裆缝处按款式要求分割，如图 2-3-8（a）所示，图 2-3-8（b）是由 2-3-8（a）所得的前后片、裆布的结构图。

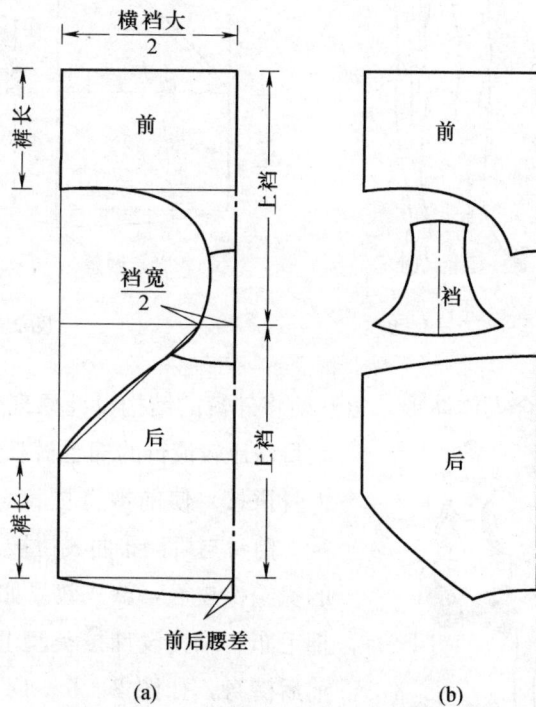

图 2-3-7

图 2-3-8

2. 男式子弹裤

此款腰口、裤口衬入 1cm 宽的橡皮筋，款式效果如图 2-3-9 所示。面料可选用氨纶汗布。结构设计时，先按三角裤基本结构设计的方法画出前后裤身，并沿裆底线分开，然后将前裤身 ab 向外旋转 20°左右，并画顺前裤口，如图 2-3-10 所示。

3. 女棉毛裤

近几年来，为了使内裤穿着不影响外裤的造型，内裤的结构设计越来越趋

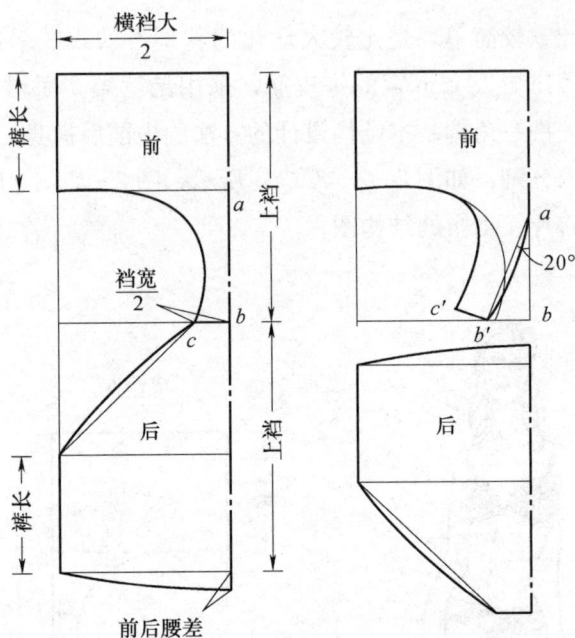

图 2 - 3 - 9   图 2 - 3 - 10

向符合人体体形，也开始将外裤的结构设计原理融入内裤的结构设计中。此款是目前比较流行的棉毛裤款式，前身腹部处通过前裆布和大身拼接，使前裤身更符合人体体形，后裆布采用伞形裆，前身与后裆布曲线拼接，腰口用绷缝机拼接 2.5cm 宽的氨纶橡皮筋，款式效果如图 2 - 3 - 11 所示。面料选用棉毛布。结构设计按类型 Ⅱ 内长裤结构设计的方法画出前后裤身，如图 2 - 3 - 12（a）所示，为使腰部褶皱少些，减少腰部臃肿，后上裆缝线撇进 1cm；前身上裆拼接，在前裆缝分割处把外裤的省道借用于内裤中，如图 2 - 3 - 12（b）所示。图 2 - 3 - 12（c）是由图 2 - 3 - 12（b）中所得的前裆布展开图，图 2 - 3 - 12（d）是由图 2 - 3 - 12（a）所得的后裆布的展开图。

4. 男棉毛裤

图 2 - 3 - 13 所示为男棉毛裤的款式效果。此款男棉毛裤与图 2 - 3 - 11 所示的女棉毛裤的结构设计基本相似，不同之处在于前裆布有所不同，如图 2 - 3 - 14 所示，并且前裆布为上下两层，左右交错重叠。

图 2 - 3 - 11

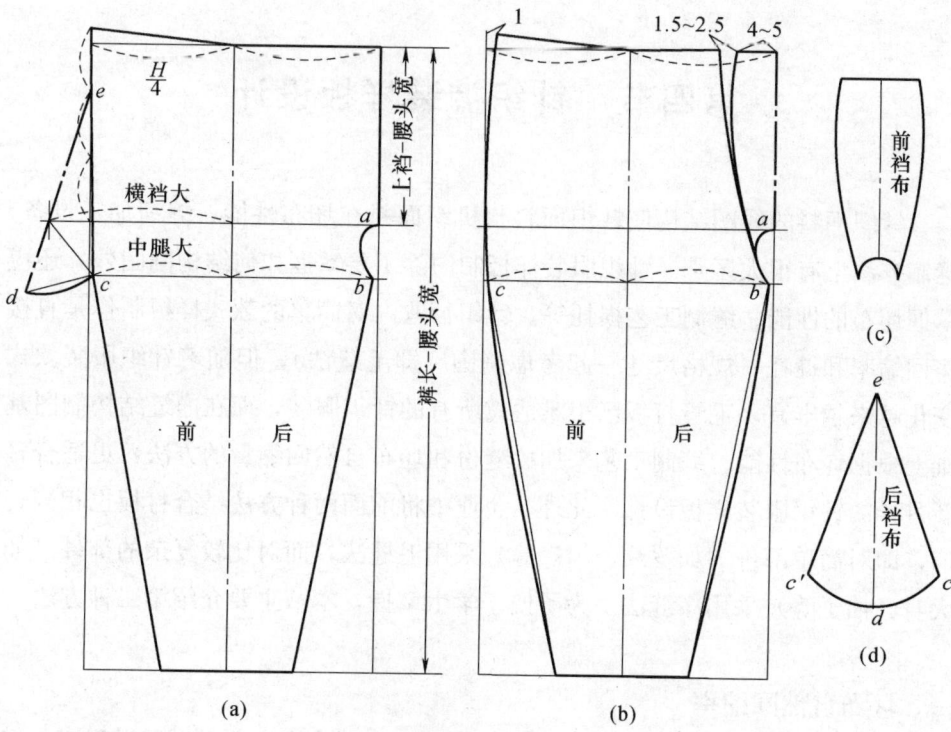

图 2 - 3 - 12

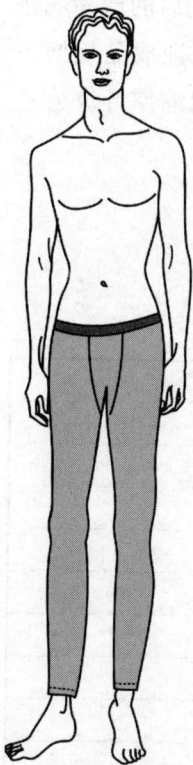

图 2 - 3 - 13

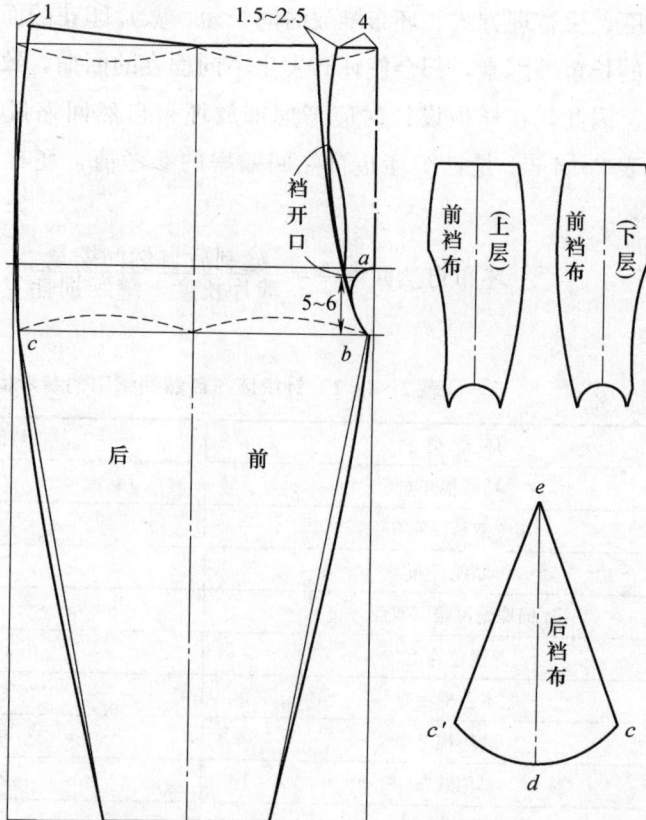

图 2 - 3 - 14

第四节 针织裤装样板设计

针织面料的线圈结构使针织面料与机织面料在坯布性能、缝纫加工设备、缝制方法上有很大区别。针织服装样板制图除了要掌握如何结构制图外，还应掌握坯布的性能、缝制工艺损耗等。针织行业内对简单的款式样板制作是直接将回缩率和缝耗、规格尺寸一起考虑制图（即毛缝法），但随着针织服装款式变化越来越丰富，毛缝打板已很难适应所有的针织服装，而在净缝结构制图基础上根据坯布性能、缝制工艺来加放缝份和坯布自然回缩量的方法，更适合日新月异的针织服装样板设计。此外，企业中将前面两种方法结合打板也相当普遍，即对简单部件（如罗纹、门襟等）采用毛缝法，而对比较复杂的部件（如大身、袖子等）采用净缝法。为了便于学生掌握，本节主要介绍第二种方法。

一、坯布自然回缩率

针织面料在生产工程中由于坯布的组织结构、纱线线密度、干燥程度、织物密度、后整理方式、坯布堆放时间长短、裁片印花的面积大小以及裁剪缝制流程的长短等因素，都会使坯布发生不同程度的回缩，致使缝制后的产品规格缩小。因此，在样板设计时应考虑加放坯布自然回缩量，以保证成品规格正确。表 2-4-1 是针织坯布自然回缩率的参考值，坯布自然回缩率计算公式如下：

$$坯布自然回缩率 = \frac{缝制后自然回缩量}{裁片长度 - 缝纫损耗} \times 100\%$$

表 2-4-1 针织坯布自然回缩率的参考值

坯 布 类 别	自然回缩率（%）
精漂棉汗布	2.2~2.5
双纱汗布	2.5~3
腈纶汗布	3
涤/棉珠地网眼（双面）布	1.5
深浅色棉毛布	2.5
本色棉毛布	6
腈纶棉毛布	3
棉绒布	2.3~2.6
腈纶薄绒布	1.5

坯 布 类 别	自然回缩率（％）
罗纹布	3
经编布（一般织物）	2.2
黏胶丝纬编织物（一般织物）	1.5
黏胶丝纬编网眼织物	2.5
防缩羊毛织物	1.5
真丝织物	2
棉印花布	另加 2.5

二、缝纫工艺损耗

样板设计时除了要加放坯布自然回缩率外，还要加放衣片（裤片）在缝制过程中做缝和切边这两种损耗，即缝纫损耗。不同的缝纫设备、不同的缝制方法，有不同的缝纫损耗，因此在放缝时，一定要根据各厂家的缝制工艺和缝纫设备来确定放缝量。缝纫损耗的参考值见表 2-4-2。

表 2-4-2 缝纫损耗的参考值　　　　　　单位：cm

缝 制 方 式	缝 耗
包缝机合缝	1
包缝机底边（折边）	折边宽+0.5
包缝机缝边（单层）	0.75
平缝机领角、口袋折边（汗布、棉毛布）	折边宽+1
平缝机领角、口袋折边（绒布）	折边宽+1.5
平缝机折三圈	1.5
双针、三针拼缝	1（单边放）
双针、三针底边	折边宽+0.5
滚边（实滚）	−0.25～0

三、裤装样板制作

1. 裤装样板制作基本步骤

（1）按款式和成品规格要求画出裤装结构图。

（2）确定各部位缝制工艺和使用的缝制设备，在结构图上各个缝制部位参考表2-4-2加放缝耗。

（3）确定坯布自然回缩率，一般面料在结构图纵向增加回缩量。如横向自然回缩率较大的特殊面料，在横向也需加放回缩量。

2. 薄绒裤样板设计

本章第二节中的薄绒裤（图2-2-9、图2-2-10）结构和缝制特点：薄绒裤连腰，平双针折腰口边4cm（穿入橡皮筋），平双针折裤口边2.5cm，其余部位均用四线包缝机缝合。

因此，我们可在图2-2-10结构设计基础上，在腰口放缝4.5cm，裤口边

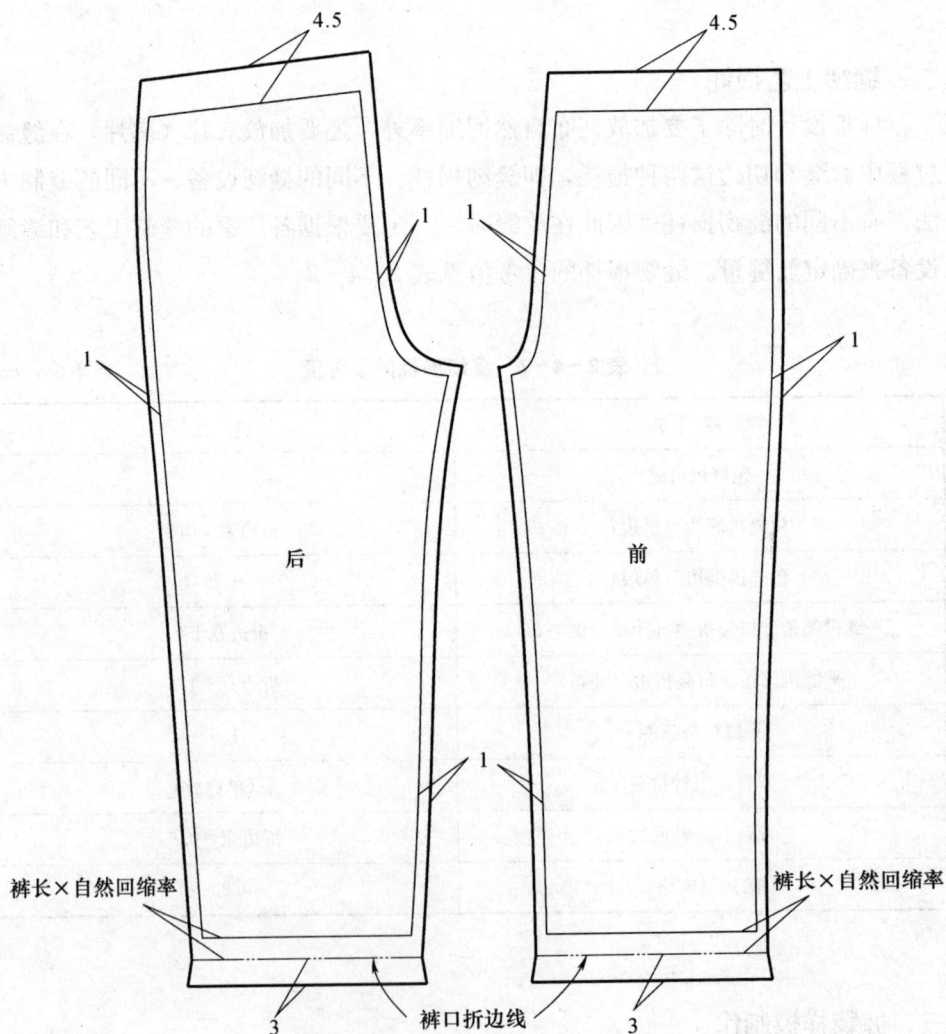

图 2-4-1

放缝 3cm，其余部位放缝 1cm，并在长度方向放出坯布自然回缩量，图 2-4-1
为薄绒裤前后片的样板图。

为了使样板制作方便简单，也可在结构设计制图时将衣长、裤长、袖长等
长度方向的坯布自然回缩率加入其中，然后在此基础上根据缝制工艺加放缝
耗，如图 2-4-2 所示，目前行业内常使用这种方法。

针织服装样板的制作步骤基本相同，后面的裙装和上装只介绍结构设计，
样板制作就不再赘述。

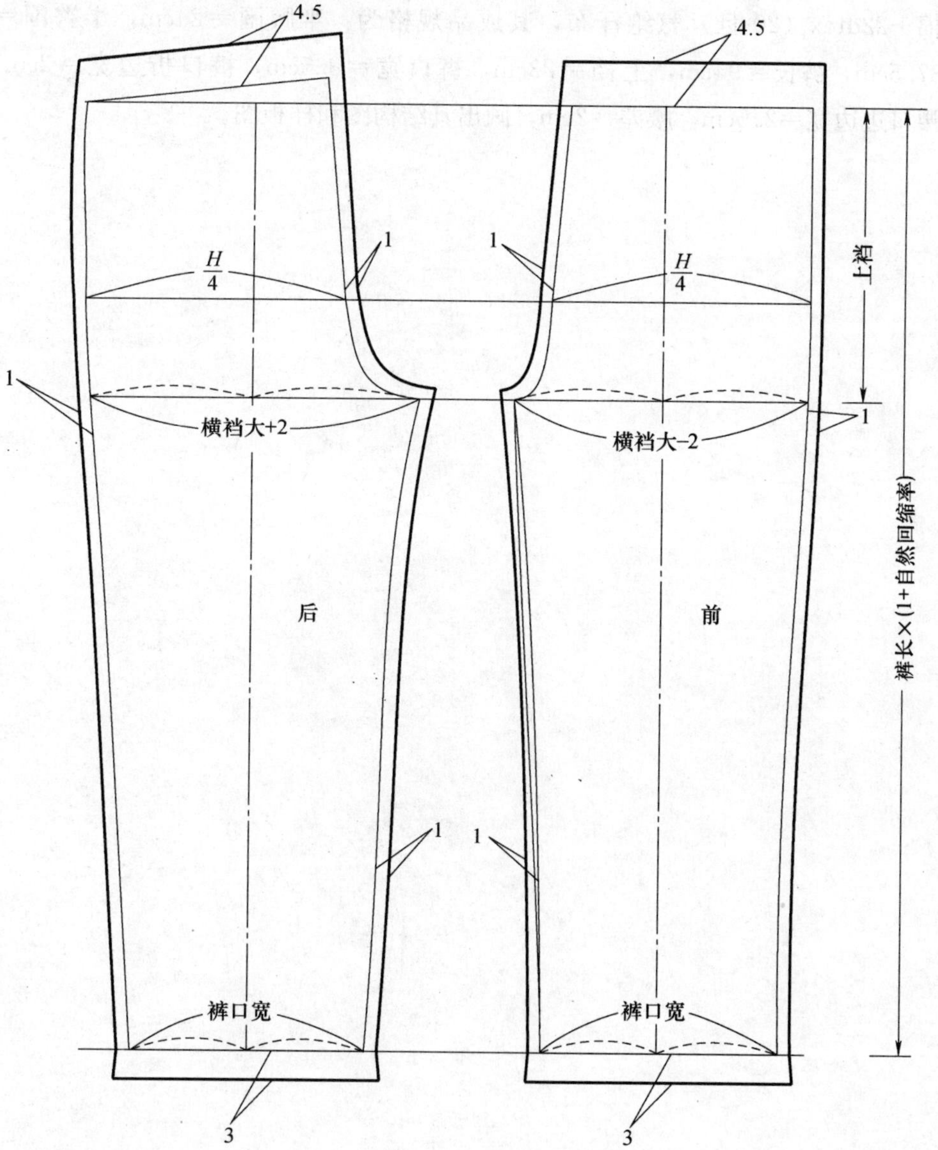

图 2-4-2

复习与作业

1. 针织裤装可分为几大类？结构设计有何异同？

2. 画出腰围＝86cm，臀围＝104cm，裤长＝106cm，裤口宽＝24cm 的西裤的结构图和样板图。

3. 画出腰围＝70cm，臀围＝104cm，裤长＝106cm，裤口宽＝24cm 的西裤的结构图和样板图。

4. 有一款如图 2-3-11 所示的女式长裤，面料为 14.5tex 莫代尔/黏胶/棉＋22dtex（20 旦）氨纶汗布，其成品规格为：半腰围＝24cm，半臀围＝37.5cm，裤长＝94cm，上裆＝23cm，裤口宽＝8.5cm，裤口折边宽＝2cm，腰口边边宽＝2.5cm，腰差＝2cm，画出其结构图和样板图。

针织裙装结构

课程名称： 针织裙装结构

课程内容： 1. 针织裙装的分类及主要结构线名称

2. 针织裙装基本结构设计

3. 针织裙装结构变化

上课时数： 8 课时

教学提示： 阐述三大基本针织裙装结构设计特点，通过分析变化裙装的款式特点、面料选用、结构设计特点，引导学生能从基本结构设计中拓展设计各种变化结构的针织裙装。

布置本章作业，并保留在课堂上提问和交流的时间。

教学要求： 1. 使学生掌握针织直裙的基本结构设计方法。

2. 使学生掌握 A 字裙的基本结构设计方法。

3. 使学生掌握针织斜裙的基本结构设计方法。

4. 使学生能在掌握三大基本结构的基础上举一反三，掌握针织裙装结构变化的设计要领。

第三章　针织裙装结构

裙装是围在人体腰节线以下的服饰，与裤装不同的是无裆缝，因而臀围的加放量可比裤装小。裙装的造型或挺括、或飘逸，富于变化，能充分体现女性婀娜多姿的身姿，是女性常穿用的服饰。

第一节　针织裙装的分类及主要结构线名称

一、针织裙装分类

针织裙装的分类与机织裙装分类相似，可根据长度、外形轮廓、裙腰高低位置、裙片片数和裙褶类别等进行分类。

1. 按长度分

有迷你裙［图 3－1－1（a）］、短裙［图 3－1－1（b）］、及膝裙［图 3－1－1（c）］、中长裙［图 3－1－1（d）］、长裙［图 3－1－1（e）］等。

2. 按外形轮廓分

有窄裙［图 3－1－2（a）］、直裙［图 3－1－2（b）］、A 字裙［图 3－1－2（c）］、斜裙［图 3－1－2（d）］、圆裙［图 3－1－2（e）］、鱼尾裙［图 3－1－2（f）］等。

3. 按裙腰高低位置分

有低腰裙［图 3－1－3（a）］、无腰裙［图 3－1－3（b）］、腰带裙［图 3－1－3（c）］、高腰带裙［图 3－1－3（d）］、高腰连腰裙［图 3－1－3（e）］等。

4. 按裙片片数分

有一片裙、两片裙［图 3－1－2（d）］、四片裙［图 3－1－3（f）］、多节裙［图 3－1－1（b）和图 3－1－3（b）、图 3－1－3（c）、图 3－1－4（a）］等。

5. 按裙褶分

有单向褶裙［图 3－1－4（b）］、对褶裙［图 3－1－4（c）］、碎褶裙［图 3-1-1（d）、图 3－1－2（b）］、伞状褶裙［图 3－1－4（d）］、立体褶裙［图 3-1-4（e）］等。

图 3 - 1 - 1

图 3 - 1 - 2

(a)　　　　(b)　　　　(c)　　　　(d)　　　　(e)　　　　(f)

图 3-1-3

(a)　　　　　(b)　　　　　(c)　　　　　(d)　　　　　(e)

图 3-1-4

　　根据结构设计方法，本章将针织裙装分为针织直裙、A 字裙和斜裙三大类。其他类型的裙子基本都可从这三大类型中拓展开来。

二、针织裙装主要结构线名称

　　针织裙装的主要结构线和辅助线名称分别如图 3-1-5 所示。

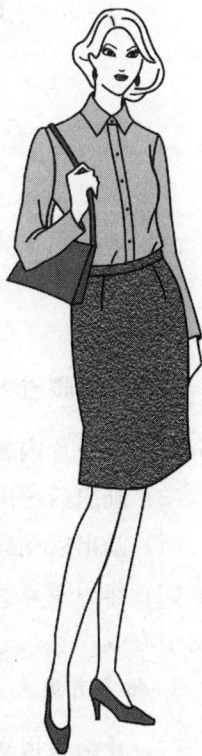

图3-1-5

第二节 针织裙装基本结构设计

一、直裙结构设计

直裙外形平直，款型合体，能体现女性端庄优美的气质（图3-2-1）。针织直裙臀围一般加放量为4cm，结构设计步骤如下：

1. 前片制图[图3-2-2(a)]

（1）作上平线 ac，下摆线 bd，臀围线 ef：取 $ab=$ 裙长－腰头宽，$ae=$ 臀高，$ef=\dfrac{H}{4}+0.5$。我国女性一般臀高约为 $17\sim19.5$cm（这里测量臀高时不含腰头宽）。

（2）定前腰省大：作 $cg=\dfrac{W}{4}+0.5$，将 ag 三等分，每等分量为▲，其中二等分量为两个片内省大，一等分量为侧缝省大。

（3）画出前腰围线 $c'g'$：作 $cc'=1$cm，弧线连接 $c'g'$。

图3-2-1

（4）画出前侧缝线 $g'eb$：$g'e$ 为弧线，与 ab 相切，切点为 e。

（5）作前腰省具体省位图：将 $c'g'$ 三等分，分别过等分点作 $c'g'$ 的垂线为省的中心线，省长分别为 11cm、10cm，省大为▲。

2. 后片制图[图3-2-2(b)]

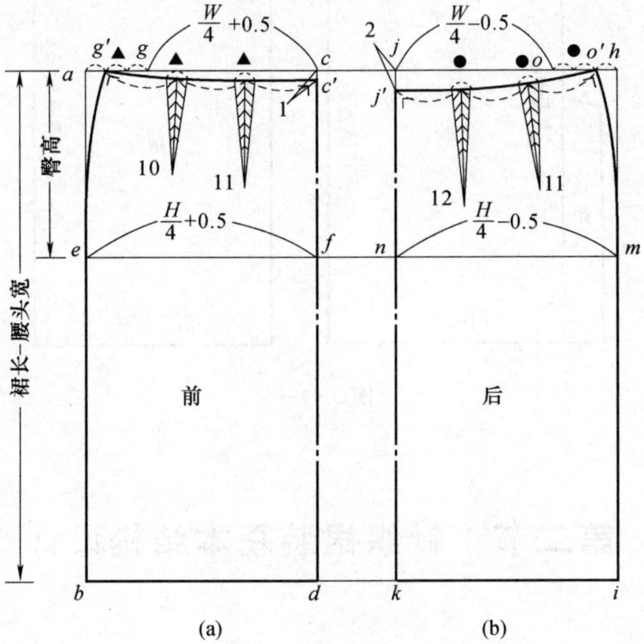

图 3-2-2

（1）将前裙片的上平线、臀围线、下摆线分别延长，并作后臀围大 $mn=\dfrac{H}{4}-0.5$。

（2）定后腰省大：作 $jo=\dfrac{W}{4}-0.5$，将 ho 三等分，每等分量为●，其中二等分量为两个片内省大，一等分量为侧缝省大。

（3）画出后腰围线 $o'j'$：作 $jj'=2cm$，弧线连接 $o'j'$。

（4）画出后侧缝线 $o'mi$：$o'm$ 弧线与 hi 相切，切点为 m。

（5）作后腰省具体省位图：将 $o'j'$ 三等分，分别过等分点作 $o'j'$ 的垂线为省的中心线，省长分别为 12cm、11cm，省大为●。

3. 裙中省道大小、数目的确定

（1）片内省道数（$\dfrac{1}{4}$ 片）可以是 1 个，也可以是 2 个，甚至 3 个以上，以

1～2个居多。数目多少取决于臀腰差，当$\dfrac{H-W}{4}\geqslant 6$时，片内省可取2个；

$\dfrac{H-W}{4}\leqslant 6$时，片内省可取1个。

（2）对于片内省，无论省的数目为多少，每个省大一般控制在1.5～3cm。

（3）对于边缘省，侧缝省一般控制在0.5～3cm，非侧缝省一般控制在0.5～2cm。

二、A字裙结构设计

A字裙与直裙的不同之处是其裙摆向外略微张开，呈A字造型，更能突现女性纤细的腰部（图3-2-3）。A字裙的臀围加放量比直裙略大，一般为6cm左右，结构设计步骤如下：

1. 前片制图[图3-2-4(a)]

（1）作上平线ac，下摆线bd，臀围线ef：取$ab=$裙长－腰头宽，$ae=$臀高，$ef=\dfrac{H}{4}+0.5$。

（2）定前侧缝斜线：在臀围线下20cm处沿水平方向向外2.5cm定i点，与e点相连并延长，延长线与上平线相交于g点。

（3）定前腰省大：作$cg'=\dfrac{W}{4}+0.5$，将gg'二等分（省道数确定与直裙相似），每等分量为▲。

（4）画出前腰围线：作$cc'=1$cm，弧线连接$c'g''$。

（5）按图3-2-4（a）画出前侧缝线和下摆线。

（6）作前腰省具体省位图：将$c'g''$二等分，过等分点作$c'g''$的垂线为省的中心线，省长为10cm，省大为▲。

2. 后片制图[图3-2-4(b)]

后片与前片相似，不同点在于：

（1）后臀围大$=\dfrac{H}{4}-0.5$。

（2）后腰围$=\dfrac{W}{4}-0.5$。

（3）腰围后中心线下降2cm。

图3-2-3

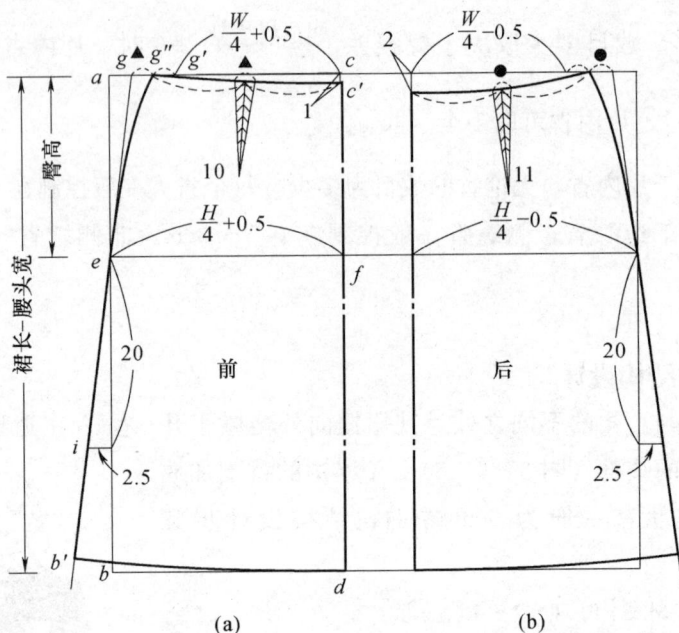

$\frac{W}{4}+0.5$ $\frac{W}{4}-0.5$

$\frac{H}{4}+0.5$ $\frac{H}{4}-0.5$

(a)   (b)

图 3 - 2 - 4

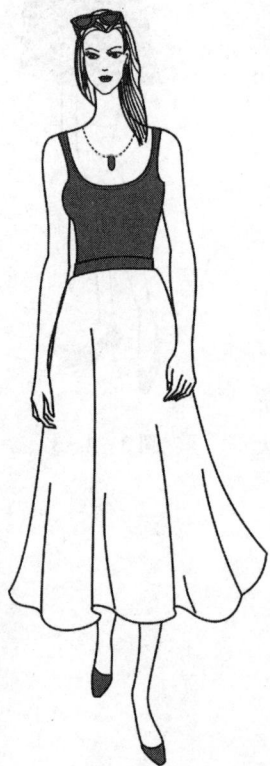

图 3 - 2 - 5

三、斜裙结构设计

斜裙也称喇叭裙，利用面料悬垂性形成波浪，款式造型优美（图 3 - 2 - 5）。斜裙结构设计方法有圆形法和直角法两种。

1. 圆形法

圆形法是利用圆环的一部分（扇形）或整个圆环作为裙子前后片的原理来进行斜裙的设计（图 3 - 2 - 6），即 $\overset{\frown}{ab}$ 长度＝腰围，ac＝裙长－腰头宽。$\angle aob$（即 α）的大小确定了裙子波浪的大小，α 越大，波浪越明显，在相同裙长下裙摆也越大。

圆形法斜裙结构设计步骤：

（1）根据款式确定裙子分割片数 n，可以是 1 片、2 片、4 片、8 片等，一般是均匀等分。

（2）根据款式确定每片裙子的圆心角 α 的大小，如 30°、45°、60°、90°、120°、150°、180°、240°、270°等，当 α 取得较小时，必须保证结构图上臀围的周长大于人体实际臀围尺寸。

图 3-2-6

（3）按下列公式计算扇形内径 r（即图 3-2-6 中的 ao）：

$$r=\frac{360°W}{2n\pi\alpha}$$

（4）按下列公式计算扇形外径 R（即图 3-2-6 中的 co）：

$R=r+$裙长—腰头宽

（5）画出扇形。

图 3-2-7 是 α 为 45°的四片斜裙结构图，图 3-2-8 是选 α 为 180°的两片斜裙结构图，图中虚线为后裙片结构图。其他角度和片数的斜裙的结构设计方法可依此类推。

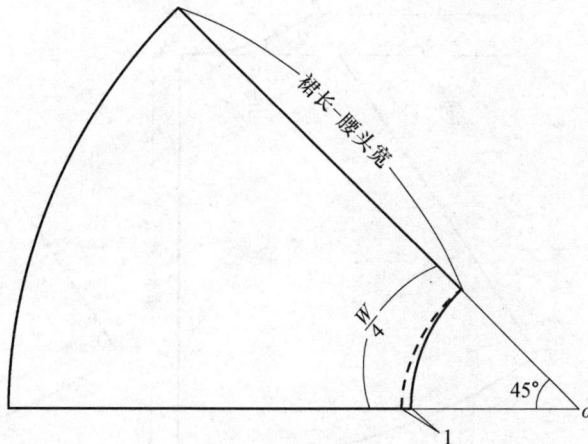

图 3-2-7

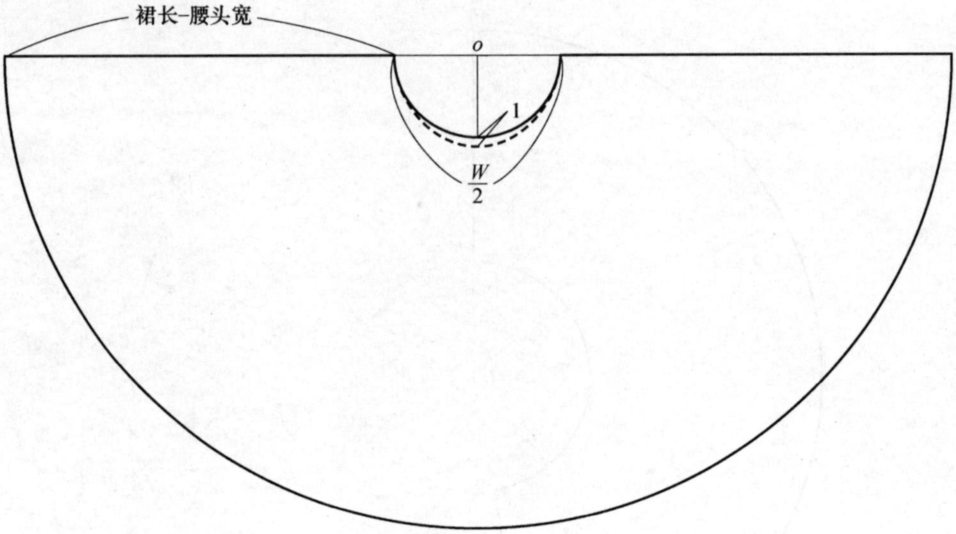

图 3 - 2 - 8

2. 直角法

直角法制图比圆形法简单方便，但裙子波浪造型不如圆形法优美，其结构设计步骤如下：

（1）前裙片结构设计 ［图 3 - 2 - 9 （a）］：作上平线 a，裙长线 b，$ab=$ 裙长 — 腰头宽。作前腰围大 $ac=\dfrac{W}{4}$，将 ac 二等分，等分点为 d。作侧缝线 ef：

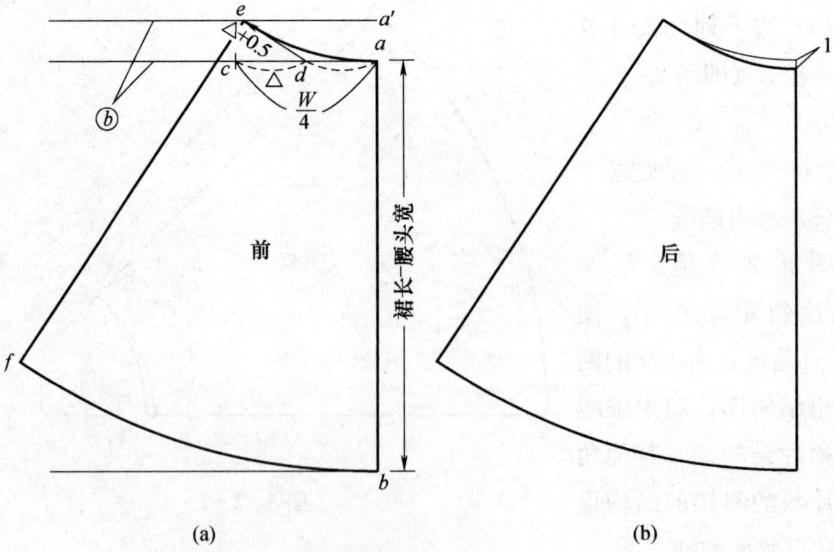

(a)   (b)

图 3 - 2 - 9

离上平线相距ⓑ（ⓑ≥4cm）作上平线的平行线 a'，作 $de=\dfrac{ac}{2}+$（0.5~1），加

0.5~1cm 的目的是为了使下面画顺的腰围线长度等于 $\dfrac{W}{4}$，与 a' 线相交 e 点，作

$ef\perp de$，且 $ef=ab-$（0.5~1）。ⓑ越大，裙子下摆越大（图3-2-10），ef 与 ab 的差值越大。画顺前腰围线和前下摆线。

　　（2）后裙片结构设计［图3-2-9（b）］：后裙片可在前裙片的结构图上进行设计。画出前裙片。腰围后中心在前中心的基础上向下落1cm，画顺后腰围线。

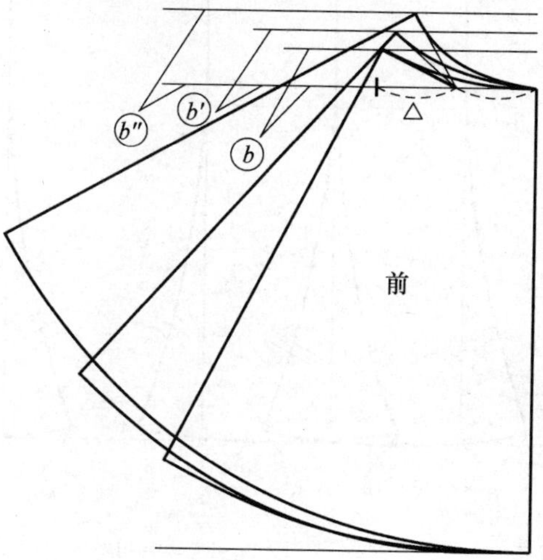

图3-2-10

第三节　针织裙装结构变化

一、八片鱼尾裙

　　此款裙子腰部至腹部较合体，在裙摆处展开，犹如鱼尾状。面料选用具有较好悬垂性且有一定厚度，款式效果如图3-3-1所示。结构设计可从直裙的基本结构拓展，并将直裙前后片均匀分割，将省道分散至每片的边缘，无片内省，此外在臀围线向下25~30cm处（视款式效果而定）向外展开，展开量越大，裙摆越大。具体结构设计如图3-3-2所示，其中

▲$=\left(\dfrac{H}{4}-\dfrac{W}{4}\right)\div4$。

图 3-3-1

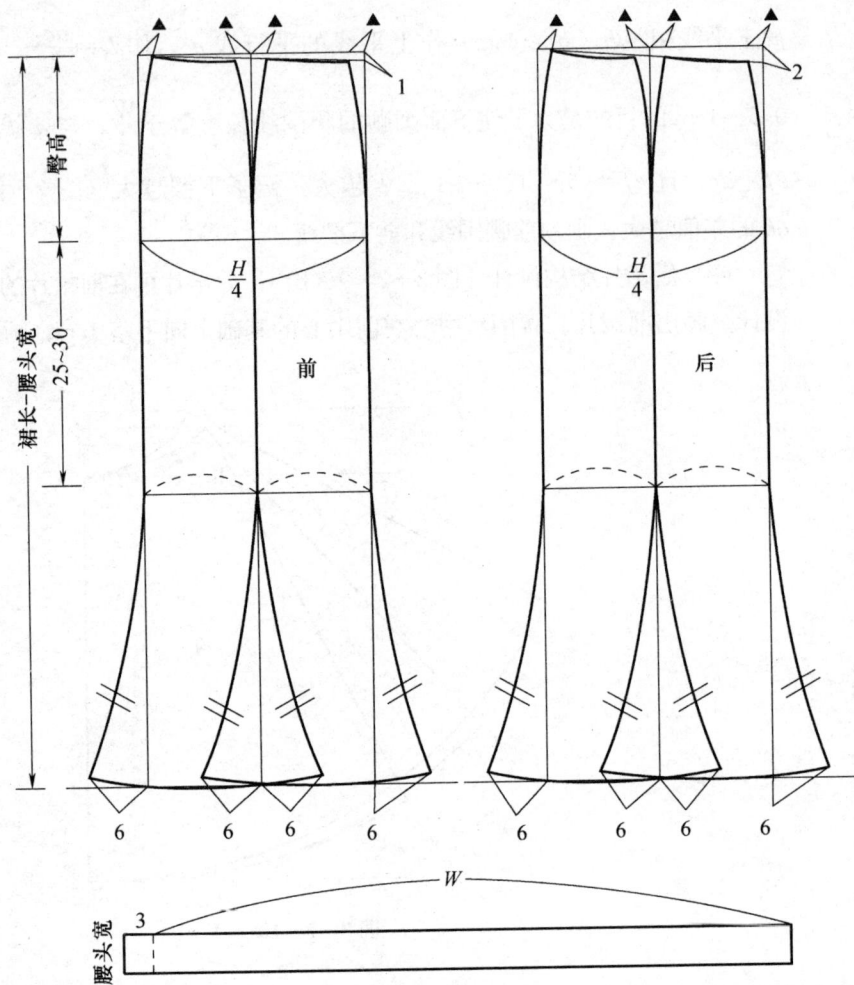

图 3-3-2

图 3-3-3

二、不规则下摆裙

此裙裙摆大小适中且两侧不对称，加上两层荷叶边，呈现出一种飘逸的动感，尽显女性的柔美，款式效果如图 3-3-3 所示。面料可选用飘逸、柔软的针织单面或双面布。结构设计时可选用两片式小斜裙（A 字裙）为基本结构进行拓展，由于此裙下摆不大，故先画出前后片扇形角 α 均选 55°的前后片斜裙，并根据款式图在两片式小斜裙基础上画出不规则下摆线以及两层荷叶边的缝制位置，具体结构设计如图 3-3-4、图 3-3-5 所示。

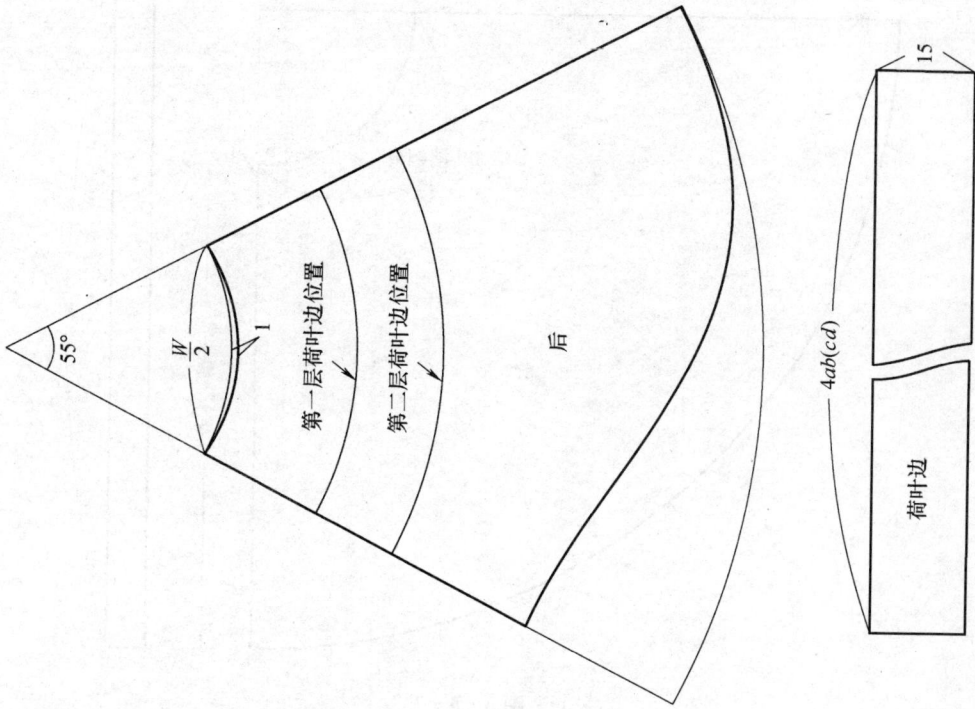

图3-3-5

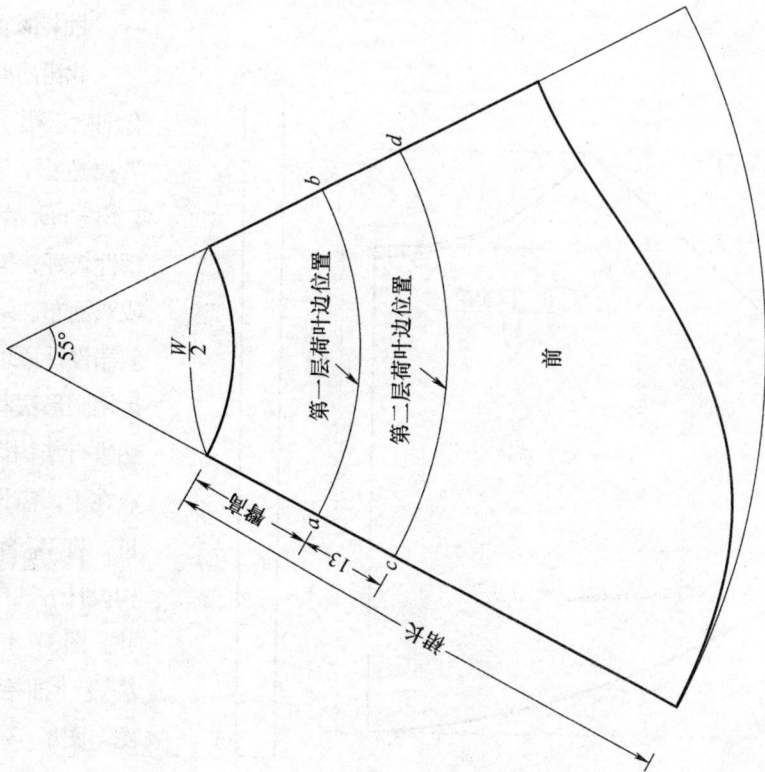

图3-3-4

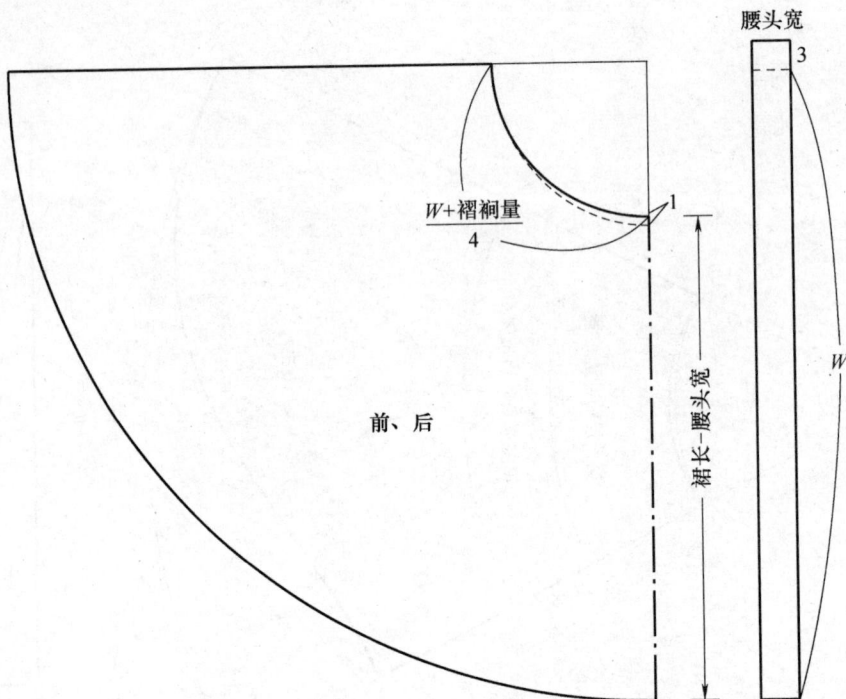

腰头宽

$\dfrac{W+褶裥量}{4}$

1

裙长-腰头宽

W

前、后

图 3 - 3 - 7

图 3 - 3 - 6

三、抽褶喇叭裙

此裙裙摆较大,腰部抽有细褶,裙子外形呈现出喇叭裙造型,款式效果如图3-3-6所示。面料选用悬垂性较好、柔软的针织单面或双面布。结构设计可选用斜裙设计原理。抽褶喇叭裙运用圆形法和直角法两种方法进行结构设计时,其关键点在于,需设$W'=W+$褶裥量,将W'替代上述两种结构设计方法中涉及的腰围尺寸。图3-3-7是运用圆形法设计抽褶喇叭裙的结构图,图3-3-8是运用直角法的结构设计图。图中虚线为后片的腰围线。

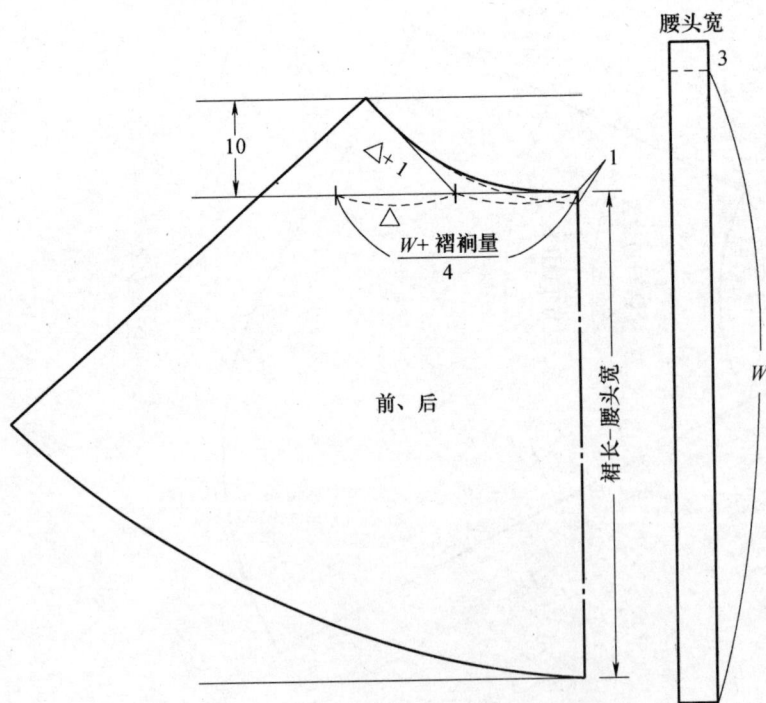

10

△+1

△

$\dfrac{W+褶裥量}{4}$

1

前、后

裙长-腰头宽

腰头宽

3

W

图 3 - 3 - 8

四、两节裙

此款裙子分上下两节，上节紧贴人体腰部，下节裙身打阴裥，裙子较短，体现少女的天真活泼，款式效果如图3-3-9所示。上节可选用弹性较好的含氨纶针织面料，使腰部不用设计省道而通过面料弹性紧贴人体；下节可选用有一定硬挺度的针织涤纶面料，使褶裥有良好的定形性。具体结构设计如图3-3-10所示。

图 3-3-9 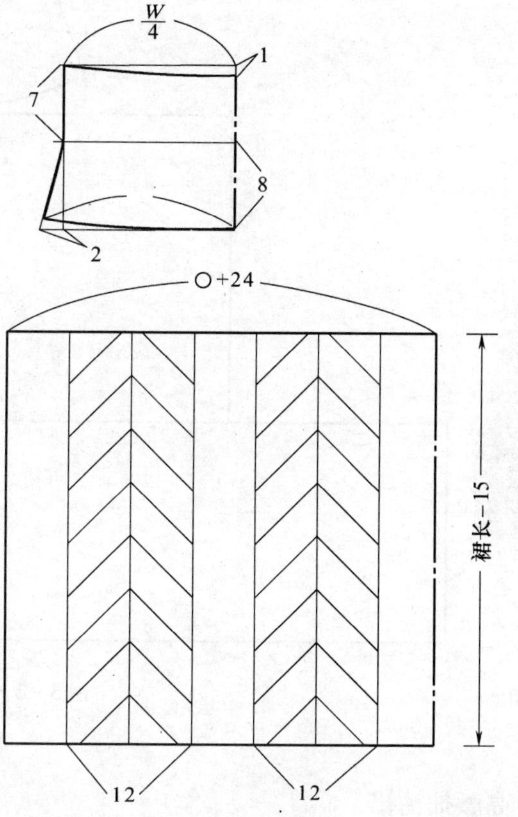   图 3-3-10

五、三节裙

此款裙子分上、中、下三节，每节接缝处均抽褶，这种造型一方面能加大裙摆，另一方面又使腰部不至于显得非常臃肿，款式效果如图3-3-11所示。面料可选用柔软的、悬垂性较好的针织面料。结构设计时，首先按款式效果图进行长度方向的分割；其次，根据面料厚薄的性质及款式效果图来确定抽褶量，可以采用增加原长度的 $\frac{1}{3}$ 倍、$\frac{1}{2}$ 倍、$\frac{2}{3}$ 倍、1倍等，裙子第一节采用斜裙裁剪法，第二、第三节可采用直裙裁剪法，也可采用斜裙裁剪法。结构图

3-3-12中，第一节采用直角斜裙裁剪法，第二、第三节采用直裙裁剪法，抽褶量为原长度的$\frac{1}{3}$倍。

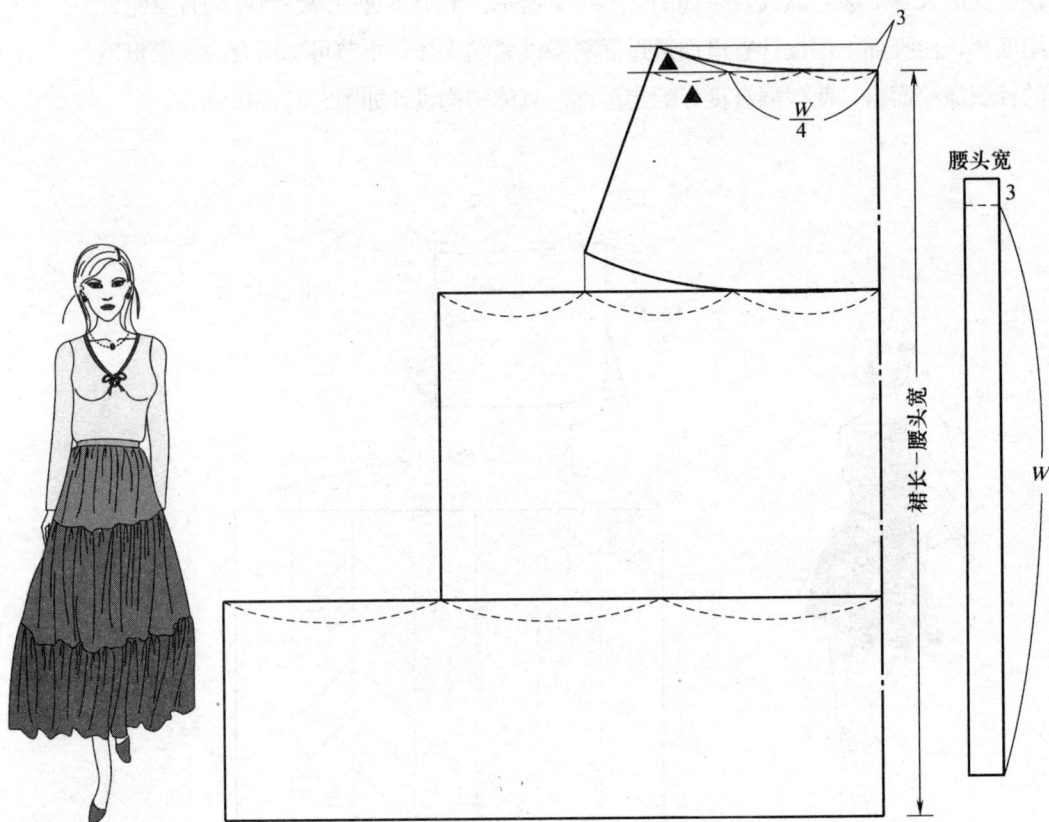

图 3-3-11

图 3-3-12

六、高腰抽褶裙

此款腰部较宽且合体，高腰与裙片斜线拼接，在拼接处有细褶，裙摆较大，裙摆外形与斜裙相似，款式效果如图3-3-13所示。面料可选用悬垂性较好的针织面料。结构设计步骤如下：

①选用A字裙作为基本结构制图，将高腰按款式图画在A字裙上方，并按款式图画出腰部横向分割线（图3-3-14）。

②将前后高腰的省道折叠，腰身折叠转移后的前后高腰如图3-3-15（a）和图3-3-16（a）所示。

③裙身部分切展，为使裙摆外形与斜裙相似，并且腰部分割处有细褶，可在裙身部分先画出切展线（图3-3-14），然后按图3-3-15（b）和图3-3-16（b）进行切展，并画顺分割线和下摆线。

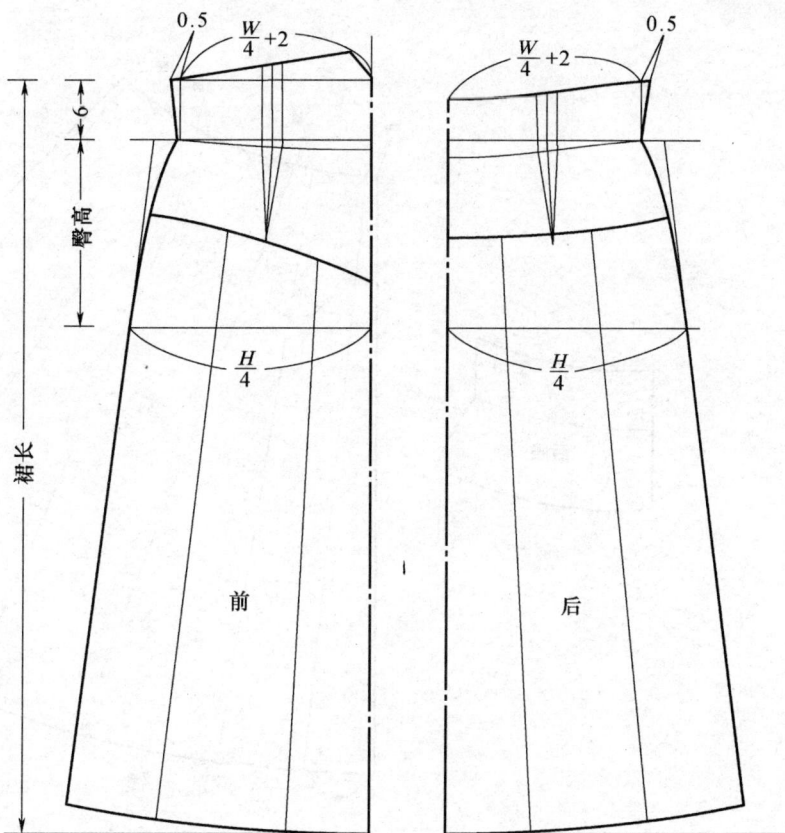

图 3 - 3 - 13

图 3 - 3 - 14

图 3 - 3 - 15

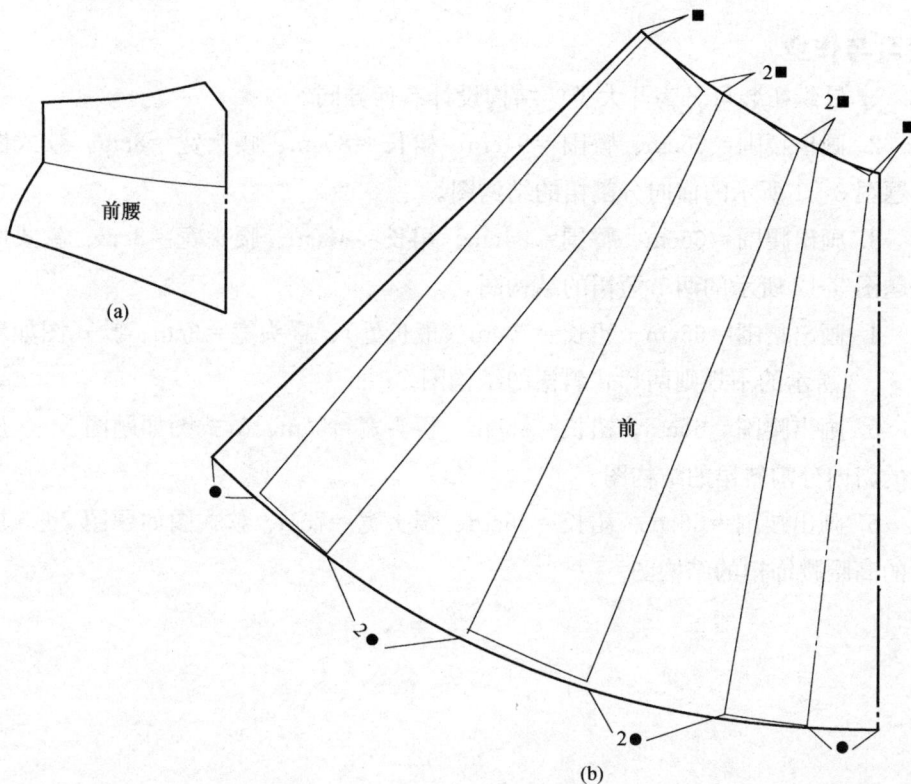

61

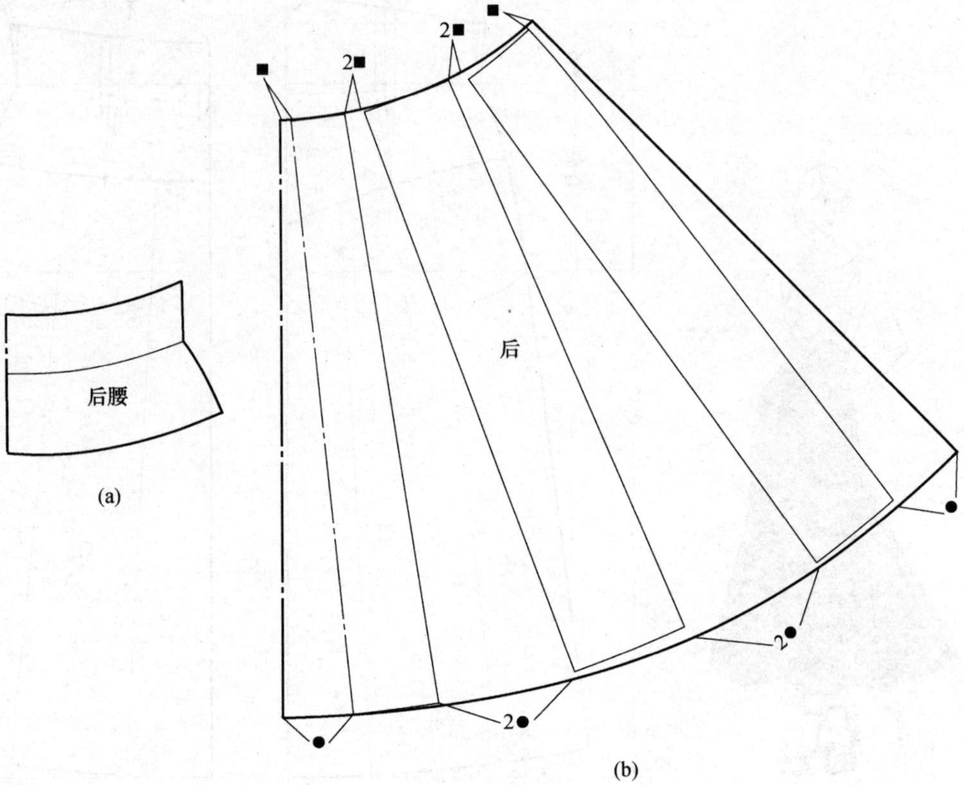

后腰

(a)

后

(b)

图 3 - 3 - 16

复习与作业

1. 针织裙装可分为几大类？结构设计有何异同？

2. 画出腰围＝66cm、臀围＝94cm、裙长＝80cm、腰头宽＝3cm、款式图如题图 3-1 所示的横向分割裙的结构图。

3. 画出腰围＝66cm、臀围＝94cm、裙长＝48cm、腰头宽＝3cm、款式图如题图 3-2 所示的两节短裙的结构图。

4. 画出腰围＝66cm、裙长＝70cm（最长处）、腰头宽＝3cm、款式图如题图 3-3 所示的不规则两片式斜裙的结构图。

5. 画出腰围＝66cm、裙长＝85cm、腰头宽＝3cm、款式图如题图 3-4 所示的斜向分割斜裙的结构图。

6. 画出腰围＝66cm、裙长＝55cm、腰头宽＝7cm、款式图如题图 3-5 所示的高腰腰饰裙的结构图。

题图 3 - 1　　　　　题图 3 - 2　　　　　题图 3 - 3

题图 3 - 4　　　　　题图 3 - 5

针织服装衣身结构

课程名称： 针织服装衣身结构

课程内容： 1. 针织服装衣身款型的分类及主要结构线名称

2. 针织服装衣身母型结构设计

3. 胸全省的设置与转移

4. 背省的设置与转移

上课时数： 10 课时

教学提示： 阐述男女针织服装衣身的母型设计原理，阐述胸全省、背省的位置及其转移原则，引导学生能根据效果图，进行省道设置和转移。

布置本章作业，并保留在课堂上提问和交流的时间。

教学要求： 1. 使学生掌握各种母型的结构设计方法。

2. 使学生根据效果图，能够自行进行省道转移。

第四章　针织服装衣身结构

衣身的主体部分覆盖在人体腰节线以上或臀部以上，人体上身部分曲线复杂，尤其是女性，而针织面料的弹性和延伸性在很大程度上保证了针织服装的衣身结构能符合人体曲线变化。但应值得注意的是，不同品种的针织面料，其弹性和延伸性有着较大的差异性，研究针织面料性能与针织服装衣身结构之间的关系，并建立相应的母型，对于针织服装结构设计是非常有益的。

第一节　针织服装衣身款型的分类及主要结构线名称

一、针织服装衣身款型分类

与机织面料相比，针织面料具有较好的延伸性、弹性、悬垂性等。但是，针织物组织结构具有多样性，不同组织结构和原料形成的针织面料的延伸性和弹性等性能具有明显的差异，服装造型可紧身、可合体、可宽松、可内穿、也可外穿，造成针织服装结构设计的特殊性。因此，本章结合面料特性、男女体型特征以及穿着层次等对针织服装衣身款型进行分类。

1. 针织女装衣身款型分类

结合针织面料特性、女性体型特征、内外穿着层次及造型，将针织女装衣身款型分为紧身型（弹性紧身型、贴体型）、合体型和宽松型三类。

（1）紧身型：该类针织服装凭借针织物本身具有良好的弹性和延伸性，不需设置任何省道而能客观地体现人体体型。根据针织面料延伸性和弹性不同，又可分成弹性紧身型和贴体型，前者使用的针织面料绝大部分含有 5％左右甚至更高比例的氨纶，面料在 14.7N 定负荷作用下，面料横向拉伸率大于等于 80％，成品胸围的宽松量为 $-10 \leqslant B - B^*$ [1] < 0；后者使用的针织面料绝大部分不含氨纶，面料（如纬平针、双罗纹、集圈组织等）在 14.7N 定负荷作用

---

[1] B^* 表示净胸围。

下，面料横向拉伸率小于 80%，成品胸围的宽松量为 $0\leqslant B-B^*\leqslant5\mathrm{cm}$（参考 GB/T 6411—2008《针织内衣规格尺寸系列》）。

（2）合体型：该类针织服装能较充分体现人体体型，选用的针织面料一般不含氨纶，延伸性和弹性一般或较小，织物尺寸稳定性较好，主要通过省道、褶裥、结构线分割等手段使服装达到符合人体造型，成品胸围的宽松量为 $0<B-B^*\leqslant10\mathrm{cm}$。常用的面料有单面或双面提花面料、珠地网眼布、涤盖棉、绒类织物等。

（3）宽松型：该类针织服装造型宽松、休闲，具有较大的宽松量（$B-B^*>10\mathrm{cm}$），服装面料的延伸性和弹性一般或较小，选用的针织面料一般不含氨纶，织物尺寸稳定性较好，如单面或双面提花面料、衬垫、粗细针距、涤盖棉、绒类织物等。

2. 针织男装衣身款型分类

男女体型特征的不同对针织服装风格要求也有所不同，男装追求端庄、大方、粗犷、豪放，因此，结合针织面料特性、男性体型特征、内外穿着层次及造型，将针织男装衣身款型分为柔性贴体型、合体型和宽松型三类。

（1）柔性贴体型：此类针织男装能较充分体现人体体型，选用针织面料的延伸性和弹性的范围较广，可含少量或不含氨纶，成品胸围的宽松量为 $-10<B-B^*\leqslant5\mathrm{cm}$，常用的面料有汗布、棉毛、珠地网眼布等。

（2）合体型：此类针织男装成品胸围的宽松量为 $5<B-B^*\leqslant10\mathrm{cm}$，选用的面料要求弹性和延伸性较小，而要求尺寸稳定性、挺括度较好。值得注意的是，针织物的线圈结构导致针织面料很少运用于西服一类的挺括、合体的服装。

（3）宽松型：此类针织男装具有宽松、休闲、粗犷、豪放的风格，选用的面料与宽松型针织女装类似，成品胸围的宽松量一般为 $B-B^*>10\mathrm{cm}$。

二、针织服装衣身主要结构线名称

针织服装衣身主要结构线和辅助线名称如图 4-1-1、图 4-1-2 所示，便于制图时的说明及其他解说。图 4-1-1 是外衣类的主要结构线名称，图 4-1-2 是内衣类的主要结构线名称。

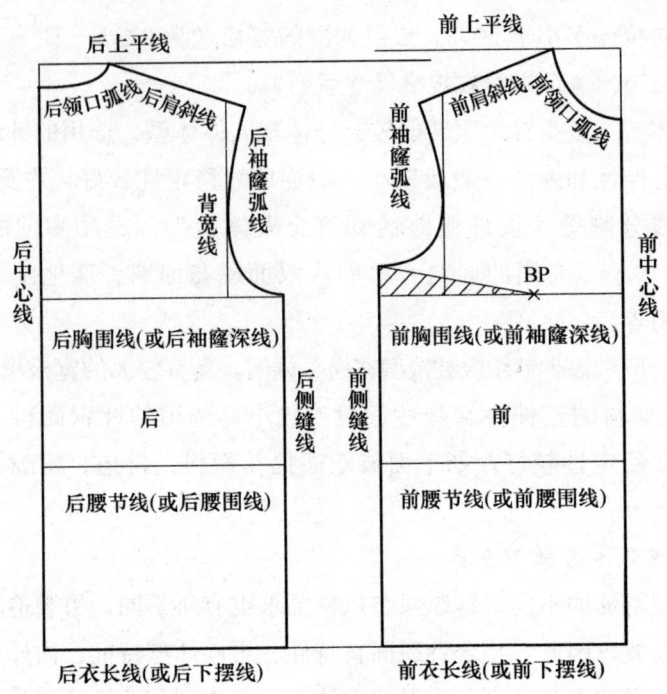

图 4 - 1 - 1

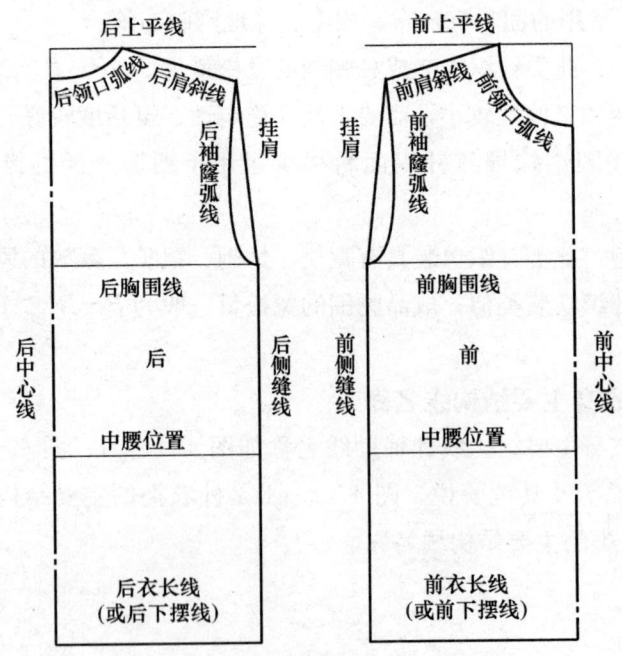

图 4 - 1 - 2

第二节　针织服装衣身母型结构设计

针织服装母型法就是根据针织面料总体特性，推出一个适合绝大部分针织服装结构设计的服装通用衣身母型，然后在此基础上进一步将针织面料与针织服装款式相结合，如女装可进一步推出紧身型（弹性紧身型、贴体型）、合体型和宽松型针织女装母型，男装可进一步推出柔性贴体型、合体型和宽松型针织男装母型。

一、女装衣身通用母型

1. 后衣身制图[图 4-2-1(a)]

（1）如图作后中心线、后上平线，依据背长＋2cm，定出腰节线 WL。

（2）量取 $\dfrac{2B}{10}+4+ⓐ$ 作 BL 线（袖窿深）。

（3）量取后领宽＝$\dfrac{N}{5}-0.3$，领深＝$\dfrac{后领宽}{3}$＝★，如图画出领口弧线。

（4）量取后肩斜角＝ϕ，作后肩斜线。正常女性的人体肩斜度为 21°～22° 左右，衣服的肩斜度要小于人体的实际肩斜度，不同款式可采用不同的肩斜度，具体可见表 4-2-1。

（5）如图量取 $\dfrac{S}{2}$ 与后肩斜线相交，定出后肩端点。

（6）量取背宽＝$\dfrac{1.5B}{10}+4+ⓑ$。

（7）如图从后中心线量取 $\dfrac{B}{4}$，画后侧缝线。

（8）画后袖窿弧线。

2. 前衣身制图[图 4-2-1(b)]

（1）如图延长后上平线、BL、WL。

（2）作前上平线和前中心线，前上平线与后上平线相距△。

（3）量取前领宽＝后领宽－ⓒ、前领深＝$\dfrac{N}{5}-0.3$，作前领口弧线。

（4）量取前肩斜角 θ，作前肩斜线，一般服装的前肩斜度不小于后肩斜度。

（5）定前肩宽：量取后肩斜线长为＊，前肩斜线长＝＊－ⓐ，定出前肩端点。

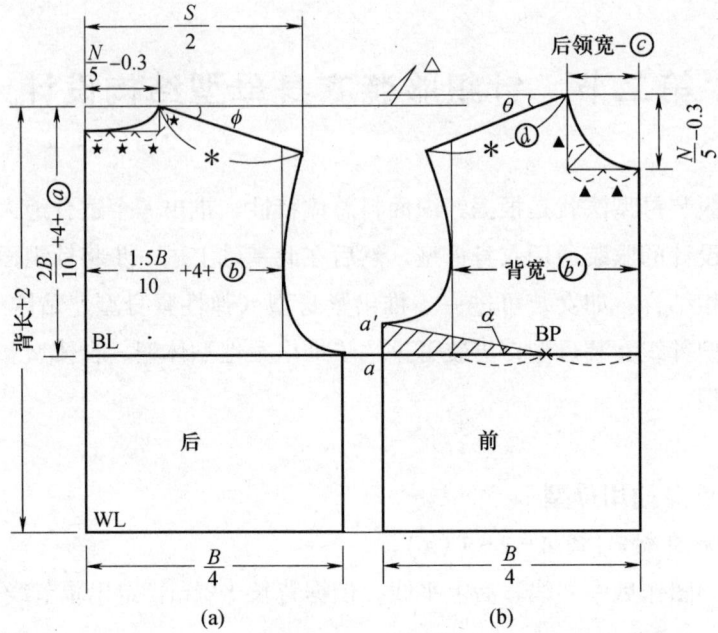

图 4 - 2 - 1

(6) 量取背宽—ⓑ，作胸宽线。

(7) 如图从前中心线量取 $\frac{B}{4}$，画出前侧缝线。前侧缝线与 BL 线相交得 a 点。

(8) BP 点的确定：左右位置为前胸宽的 $\frac{1}{2}$，上下位置为胸围线。

(9) 胸省的确定：以 BP 点为原点，以 BP 至 a 点为基准线向上作胸省角 α，与前侧缝线相交得 a' 点。

(10) 画出前袖窿弧线。

3. 各变量值

以上公式中所涉及的各变量值见表 4 - 2 - 1。

表 4 - 2 - 1 针织女装母型各变量值　　　　单位：cm

变　量	紧身型		合体型	宽松型
	弹性紧身型	贴体型		
B 的放松量	-10～0	0～5	0～10	≥10
ⓐ	0.5～1.5	0～1	0～2	≥2
ⓑ	0～0.5		0～0.7	≥0.7
ⓑ	0		1	0～0.5

续表

变量	紧身型		合体型	宽松型
	弹性紧身型	贴体型		
ⓒ	0		0~1	0~0.5
ⓓ	0		0~0.5	0
φ	17°~19°		19°	0~20°
θ	17°~19°		21°	0~20°
α	0		0~10°	0
△	0		0~1	0

　　根据上述表格中各变量值，即可在衣身母型的基础上推出紧身型、合体型和宽松型针织女装母型。

二、男装衣身通用母型

　　1. 后衣身制图[图4-2-2(a)]

　　(1) 如图作后中心线、后上平线，依据背长+2.5cm定出腰节线WL。

　　(2) 量取袖窿深 $=\dfrac{2B}{10}+4.5+ⓓ$。

　　(3) 量取后领宽 $=\dfrac{N}{5}-0.3$，后领深 $=\dfrac{后领宽}{3}$，如图画后领口弧线。

　　(4) 量取后肩斜角 $=φ$，作后肩斜线。正常男性的人体肩斜度为20°~21°。

　　(5) 如图量取 $\dfrac{S}{2}$ 与后肩斜线相交，定出后肩端点。

　　(6) 量取 $\dfrac{1.5B}{10}+4.5+ⓒ$，作背宽线。

　　(7) 如图从后中心线量取 $\dfrac{B}{4}$，画出后侧缝线。

　　(8) 画后袖窿弧线。

　　2. 前衣身制图[图4-2-2(b)]

　　(1) 如图延长后上平线、BL、WL。

　　(2) 作前上平线和前中心线，后上平线与前上平线相距△。

　　(3) 量取前领宽 $=\dfrac{N}{5}-0.3$，前领深 $=\dfrac{N}{5}-0.3$，画前领口弧线。

　　(4) 量取前肩斜角θ，作前肩斜线，一般服装的前肩斜度不小于后肩斜度。

　　(5) 定前肩宽：量取后肩斜线长 $=*$，前肩斜线长 $=*-ⓓ$，定出前肩端点。

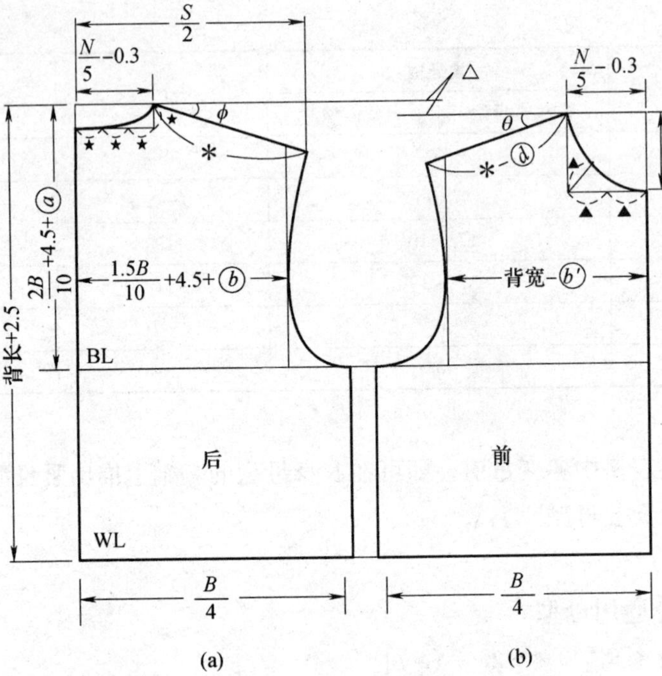

图 4-2-2

（6）量取胸宽=背宽-ⓑ'。

（7）如图从前中心线量取 $\dfrac{B}{4}$，画出前侧缝线。

（8）画出前袖窿弧线。

3. 各变量值

以上公式中所涉及的各变量值见表4-2-2。

表4-2-2　针织男装母型各变量值　　　　　　　单位：cm

变　量	柔性贴体型	合体型	宽松型
B 的放松量	-10～5	5～10	≥10
ⓐ	0.5～1.5	0～2	≥2
ⓑ	0～0.5	0～0.7	≥0.7
ⓑ'	0	1	0～0.5
ⓓ	0	0～0.7	0～0.3
ϕ	17°～19°	17°～18°	15°～19°
θ	17°～19°	20°～21°	15°～19°
△	0	2～3	0～3

根据上述表格中各变量值，即可在衣身母型的基础上推出柔性贴体型、合体型和宽松型针织男装母型。

三、针织内衣结构设计特点

上述的母型适合绝大部分针织服装结构设计（包括紧身型、贴体型内衣结构设计），但是目前国内内衣企业在针织内衣成品规格中往往有领宽、挂肩尺寸要求，并且针织内衣中很少使用省道，因此上述男女母型中的前、后领宽即可用 $\frac{1}{2}$ 的领宽来代替，BL 线的确定也是由挂肩规格控制确定，采用相等的前后肩斜度，其母型可简化为图 4-2-3 所示。

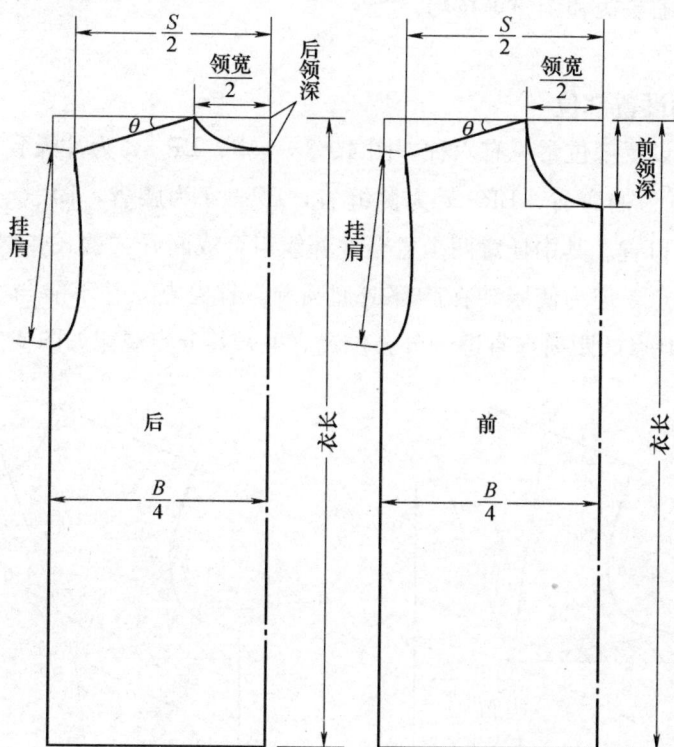

图 4-2-3

第三节　胸全省的设置与转移

人体的结构较复杂，尤其是女性身体的曲线变化丰富。因此，对于一块弹性和延伸性较小的针织面料要缝制成服装，使它穿在人体上时能充分展现人体的曲线，达到合体的要求，就必须在某些地方做省道处理，这样才能达到贴合人体的目的与效果。

女性前衣片在胸高点四周的省道有侧缝省、腰省、袖窿省、肩省、领口省等。由于这些省道所在的位置与方向不同，因此对服装构成后所产生的形态和感觉也各不相同。为了方便讨论，本书将由于胸部突出而增加的量做成的省称为胸凸省或胸省，把胸腰差量做成的省称为腰省，而把胸凸省与腰省的总和称为胸全省。

由于中国女性体型不同于高胸体的欧洲女性体型，对于只体现人体胸部造型的针织服装，一般只使用胸凸省（胸省），且其值一般小于或等于10°；对于同时体现人体胸部和腰部造型的针织服装（即胸部和腰部极为合体），一般使用胸全省，胸全省（胸省和腰省之和）一般为20°左右，即胸省小于或等于10°，腰省小于或等于10°。

要将平面布料转变成立体造型的方法，除了省道外，还有活褶、细褶、缩缝、布料伸缩整烫和调整等技巧。

一、胸省的设置部位

胸省的设置部位常见有六种。图4-3-1中，BP-a为冲天省（又称直胸省），BP-b为袖窿省，BP-c为侧缝省，BP-d为腰省，BP-e为前中省，BP-f为领口省。其中任意两个省合并都能组合成断开式款式。尽管BP点是人体的胸高点，但为使服装在胸部造型圆顺，省尖点o并不能与BP点重合。省尖点与BP点的距离与省道的分布位置有关，其分布规律如图4-3-2所示。

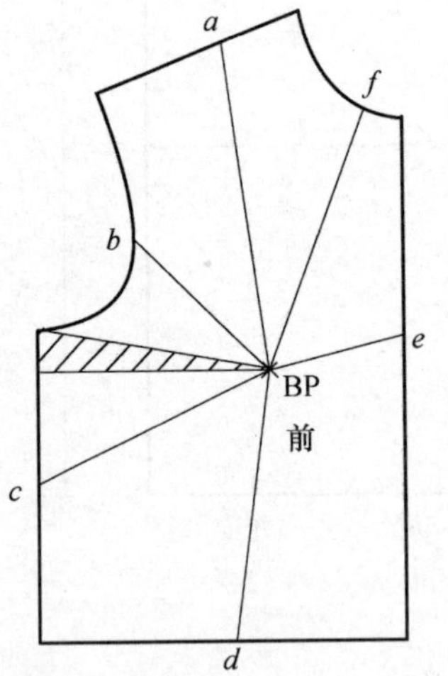

图4-3-1

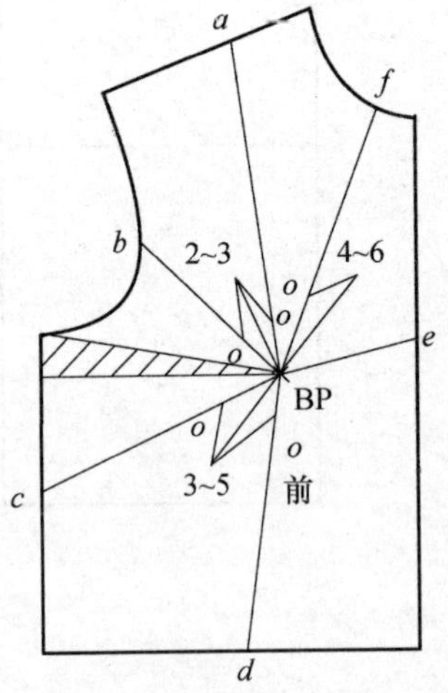

图4-3-2

二、胸省变化的常用方法

1. 剪开折叠法

先在合体型母型上将欲做省道的地方，向BP点方向剪开，然后将母型上侧缝处的前后差数（即省道的大小）重叠，如此剪开处就会自然张开，达到所需要的省量，如图4-3-3所示。

图4-3-3

2. 转动法

首先，在合体型母型上将要做省道的地方，向BP点方向画一条线，然后压住BP点，将母型向左（或右）转动，即从a'点转至a点（或a点转至a'点），就可得到想要的胸省量，如图4-3-4所示。

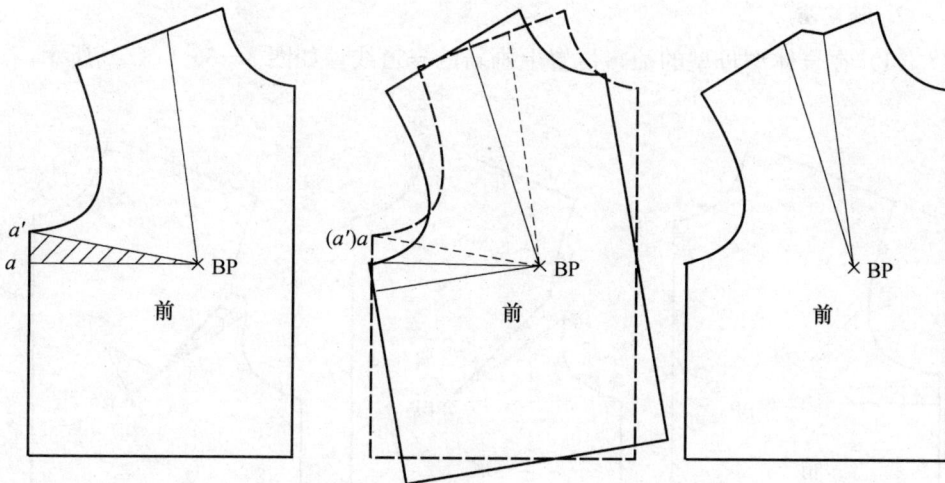

图4-3-4

三、胸省的设置及变位

1. 侧缝省

（1）在合体型母型的侧缝线上任意一点与 BP 点相连，为侧缝省的省道线，如图 4 - 3 - 5（a）所示。

（2）沿着新省道线剪开，并把原来的腋下省关闭，如图 4 - 3 - 5（b）所示。

（3）作出具体省位图，并使省尖 o 点距离 BP 点为 3～5cm，如图 4 - 3 - 5（c）所示。

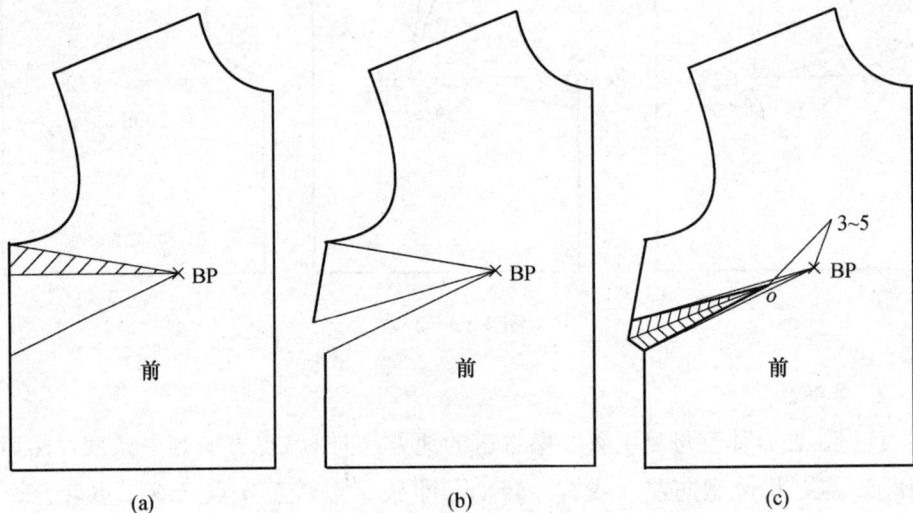

图 4 - 3 - 5

2. 袖窿省

（1）在合体型母型的袖窿位置上画新的省道线，如图 4 - 3 - 6（a）所示。

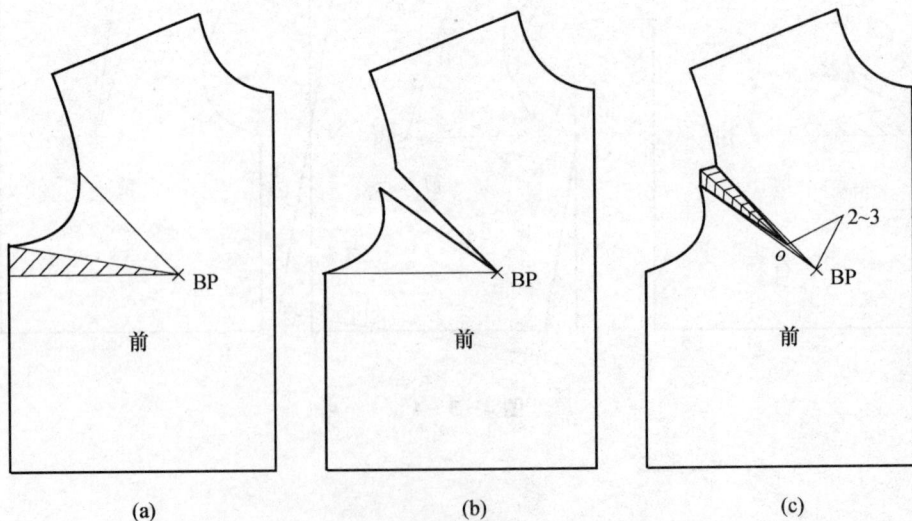

图 4 - 3 - 6

（2）沿着新省道线剪开，并把原来的腋下省关闭，如图 4 - 3 - 6（b）所示。

（3）作出具体省位图，并使尖点 o 距离 BP 点为 2～3cm，如图 4 - 3 - 6（c）所示。

3. 领口省

（1）在合体型母型的领口弧线上某位置画新的省道线，如图 4 - 3 - 7（a）所示。

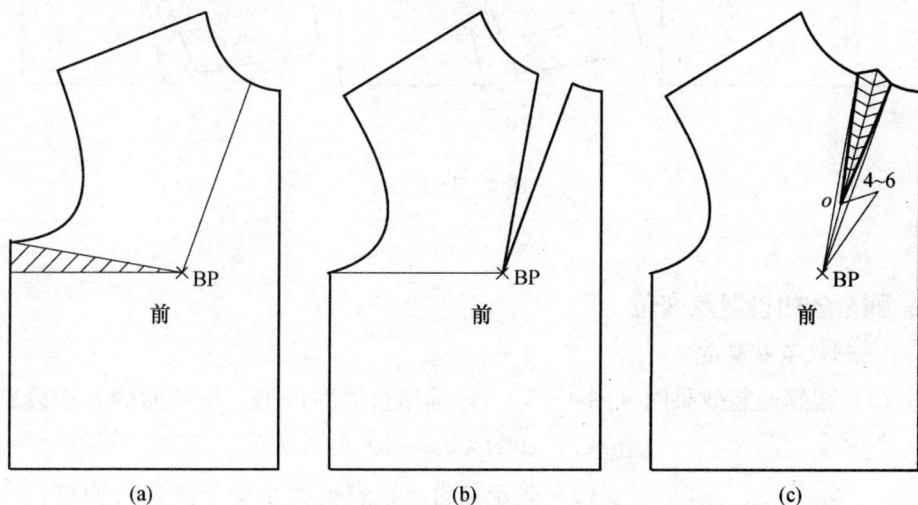

图 4 - 3 - 7

（2）沿着新省道线剪开，并把原来的腋下省关闭，如图 4 - 3 - 7（b）所示。

（3）作出具体省位图，并使省尖 o 点距离 BP 点为 4～6cm，如图 4 - 3 - 7（c）所示。

4. 腰节省

（1）在合体型母型的腰围线位置上画新的省道线，如图 4 - 3 - 8（a）所示。

（2）沿着新省道线剪开，并把原来的腋下省关闭，如图 4 - 3 - 8（b）所示。

（3）作出具体省位图，并使省尖 o 点距离 BP 点为 3～5cm，如图 4 - 3 - 8（c）所示。

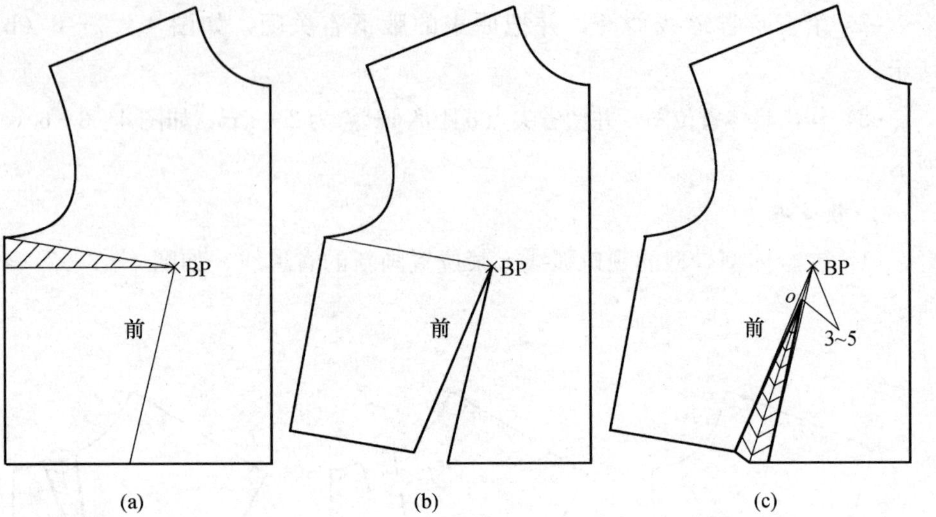

图 4 - 3 - 8

四、胸全省的设置及变位

1. 侧缝省 + 腰省

(1) 根据服装效果图（图 4 - 3 - 9）选用合体型母型，按前面的方法设置侧缝省，如图 4 - 3 - 10（a）所示。

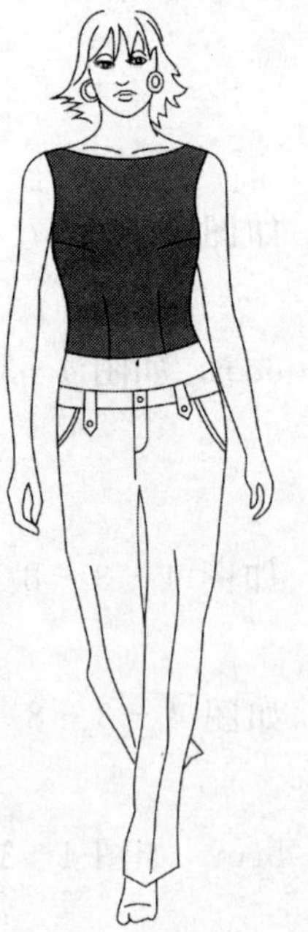

图 4 - 3 - 9

(2) 确定腰省：腰省的大小确定方法有两种，一种方法是根据腰省角度大小来确定；另一种方法是由成品腰围大小来确定。实际操作中以第二种方法为多，本书介绍第二种方法。在腰节线上取一点，使 $ab = \frac{W}{4}$，并取 bc 的中点 d，如图 4 - 3 - 10（b）所示。过 BP 点作一直线平行于前中心线，并与腰节线相交于 e 点，取 bd 线段长为省的大小，以 e 点为中心，左右各半个省量，分别与 BP 点连接，如图 4 - 3 - 10（c）所示。

(3) 修正侧缝线：连接 fd，与侧缝省下面一条线交于 g 点，如图 4 - 3 - 10（d）所示。找出侧缝省两条线相等的 g'，连接 fg' 为上侧缝线，gd 为下侧缝线，如图 4 - 3 - 10（e）所示。

(4) 作出具体的省位图，如图 4 - 3 - 10（f）所示。

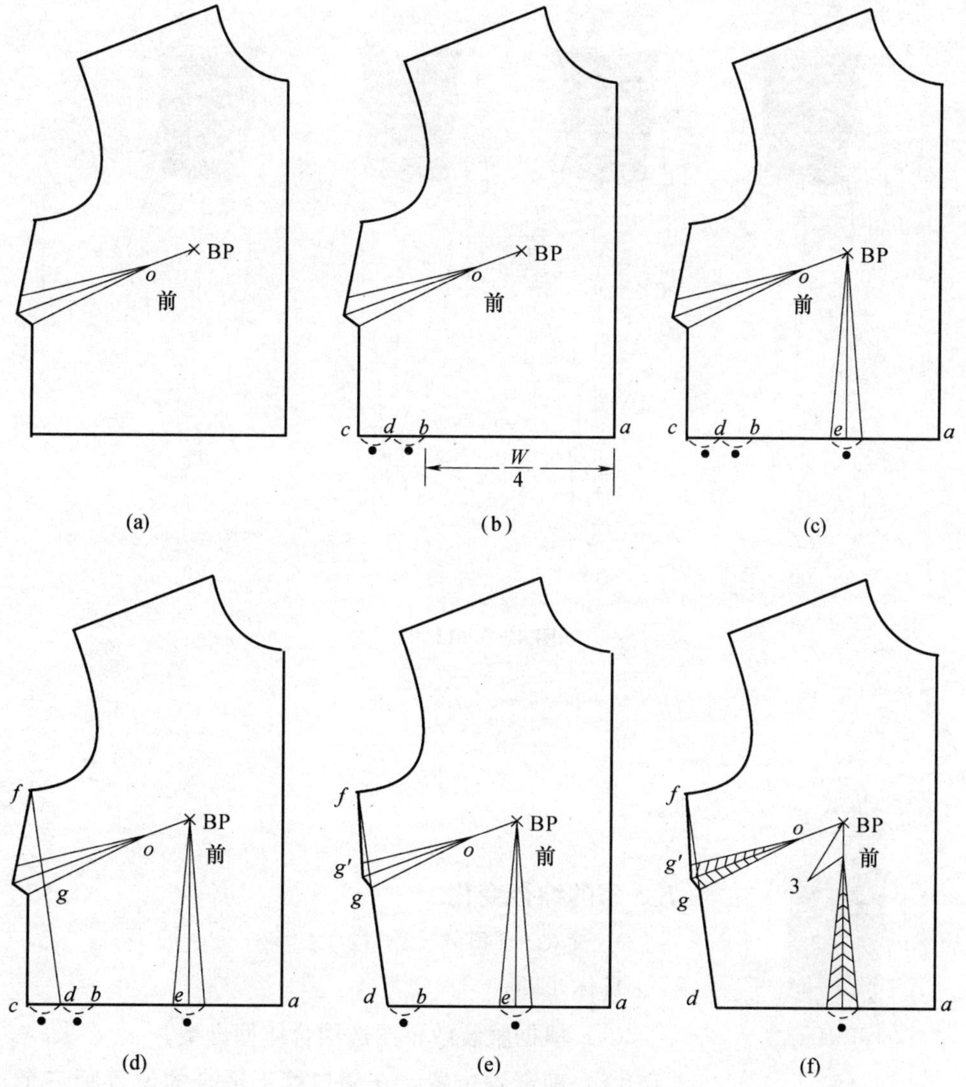

图 4-3-10

2. 胸全省的几种组合及变化

除了上述介绍的侧缝省和腰省的组合外，胸全省还有其他几种组合及变化，常见的有袖窿省＋腰省［图4-3-11（a）］、领口省＋腰省［图4-3-11（b）］、肩省＋腰省［图4-3-11（c）］、腰节省＋腰省［图4-3-11（d）］。这些省道的设置方法与侧缝省和腰省的组合方法一致。

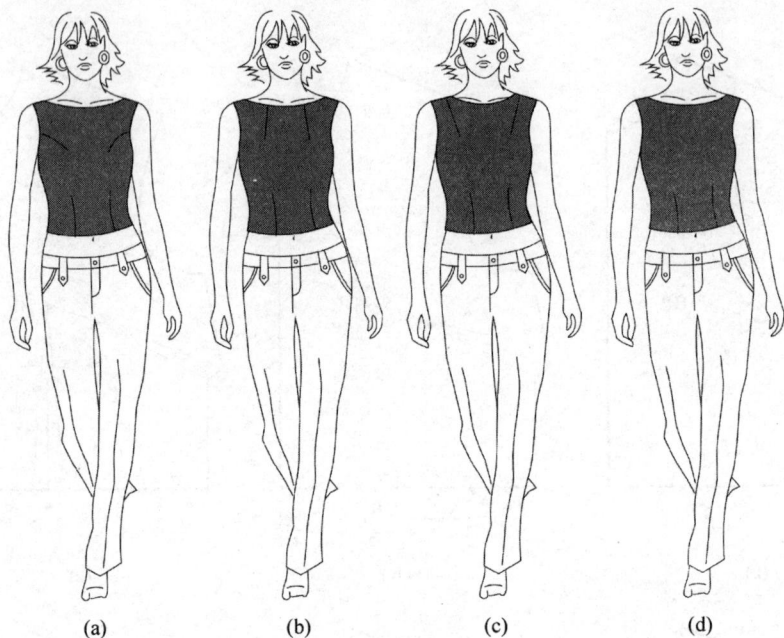

(a)　　　　　　(b)　　　　　　(c)　　　　　　(d)

图 4 - 3 - 11

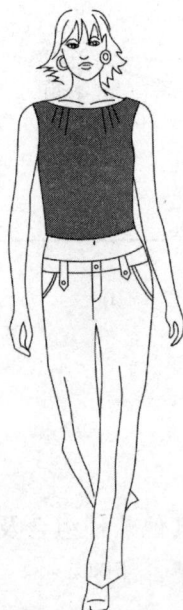

图 4 - 3 - 12

五、省的综合变化

1. 变化一（图 4 - 3 - 12）

具体步骤：

（1）根据服装效果图选用合体型母型。

（2）确定省位置：在领口线上适合的位置画三个领口省，如图 4 - 3 - 13（a）所示。

（3）过三个省道的末端与 BP 点用虚线连线，如图 4 - 3 - 13（b）所示。

（4）沿领口省及三根虚线处剪开，并关闭侧缝省。修正后就完成了新省设置，如图 4 - 3 - 13（c）、图 4 - 3 - 13（d）。一般对准 BP 点的省道量可大些，离 BP 点越远的省道量越小。

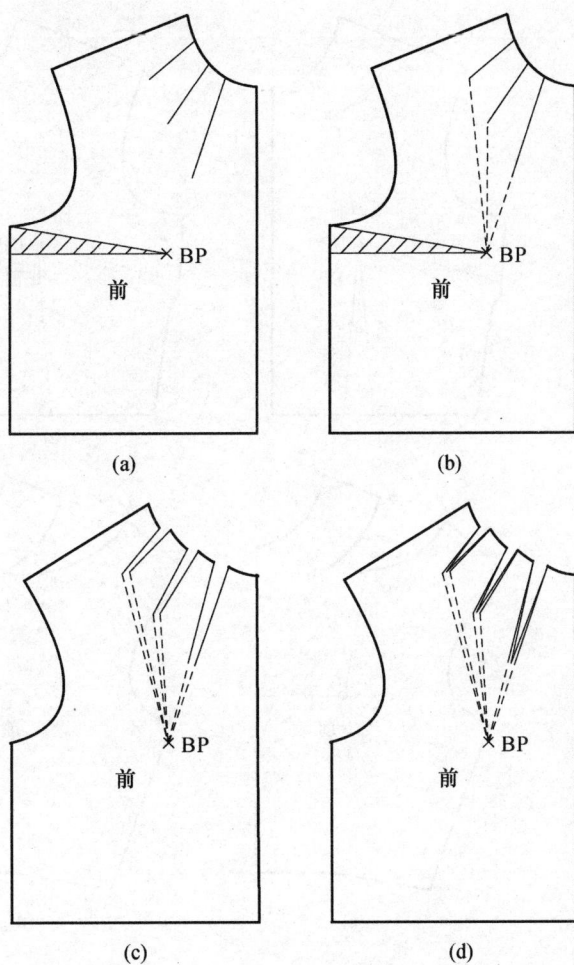

(a)　　　　　　　　　　(b)

(c)　　　　　　　　　　(d)

图 4 - 3 - 13

2. 变化二(图 4 - 3 - 14)

具体步骤:

（1）根据服装效果图选用合体型母型，按胸全省设置方法设置侧缝省和腰省，并确定肩覆势$\widehat{ab}$位置［图 4 - 3 - 15 （a）］。

（2）过a点与 BP 点连接一条辅助线［图 4 - 3 - 15 （b）］。

（3）剪开$\widehat{ab}$及辅助线，并关闭侧缝省和腰省［图 4 - 3 - 15 （c）］。

（4）弧线连接ab'［图 4 - 3 - 15 （d）］，$\widehat{ab'}>\widehat{ab}$，其差值即为抽褶量。

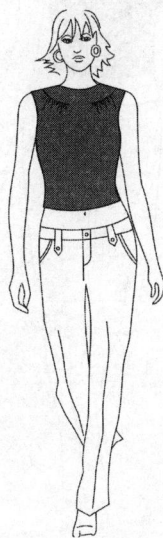

图 4 - 3 - 14

(a) (b)

(c) (d)

图 4-3-15 抽褶肩覆势设置

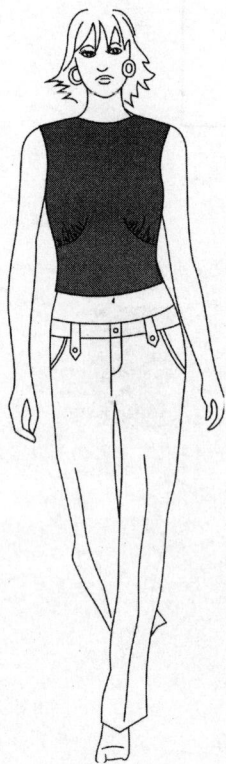

3. 变化三（图 4-3-16）

具体步骤：

（1）根据服装效果图选用合体型母型，按胸全省设置方法设置侧缝省和腰省，确定抽褶位置$\widehat{ab}$ ［图 4-3-17 （a）］。

（2）按图 4-3-17 （b）所示效果剪开，并关闭侧缝省和腰省。

（3）用弧线连接 $a'b$ ［图 4-3-17 （c）］，$\widehat{a'b}>\widehat{a'b'}$，其差值即为抽褶量。

（4）如果抽褶量太少达不到效果图的要求，可以按图4-3-18的方法，在转移后的胁下省的上部 $a'b$ 线上添加几条辅助线并切展，修正后就可得到较大的抽褶量。

图 4-3-16

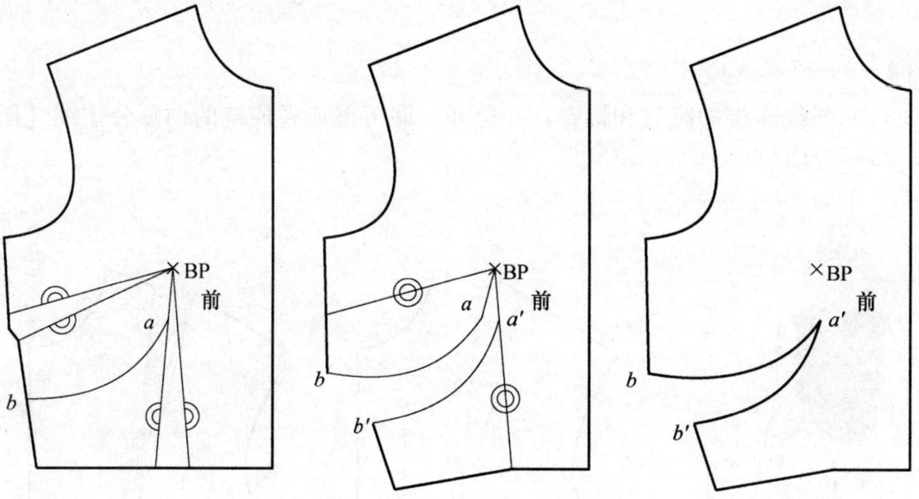

(a)　(b)　(c)

图 4-3-17

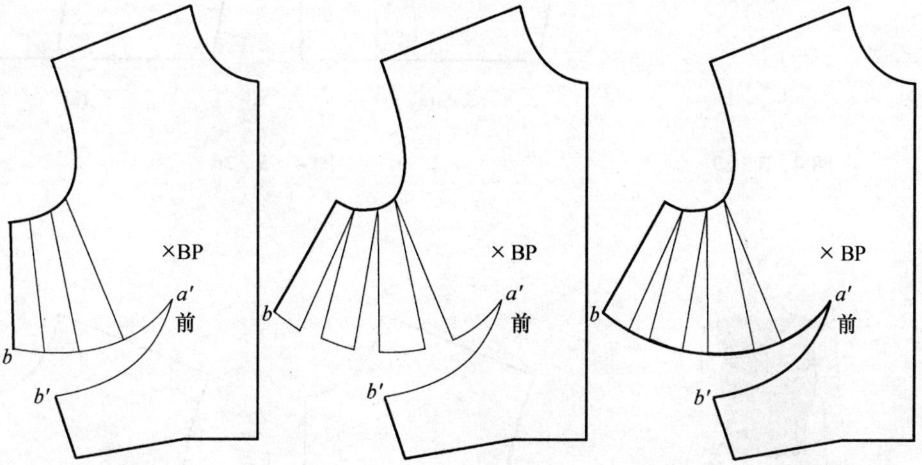

(a)　(b)　(c)

图 4-3-18

4. **变化四(图 4-3-19)**

具体步骤：

（1）根据服装效果图选用合体型母型，按胸全省设置方法设置肩省和腰省[图 4-3-20 ′]。

（2）弧线连接肩省和腰省，并剪开，即可得连省成缝的公主线[图 4-3-20(b)]。

5. **变化五(图 4-3-21)**

具体步骤：

（1）根据服装效果图选用合体型母型，按前面的方法设置袖窿省和腰省

[图 4 - 3 - 22（a）]。

（2）弧线连接袖窿省和腰省，并剪开，即可得连省成缝的袖窿公主线［图 4 - 3 - 22（b）]。

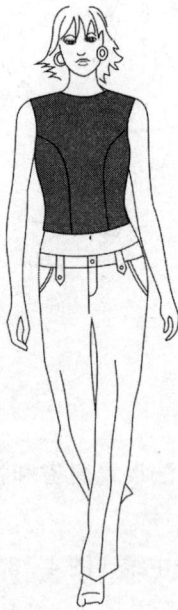

图 4 - 3 - 19

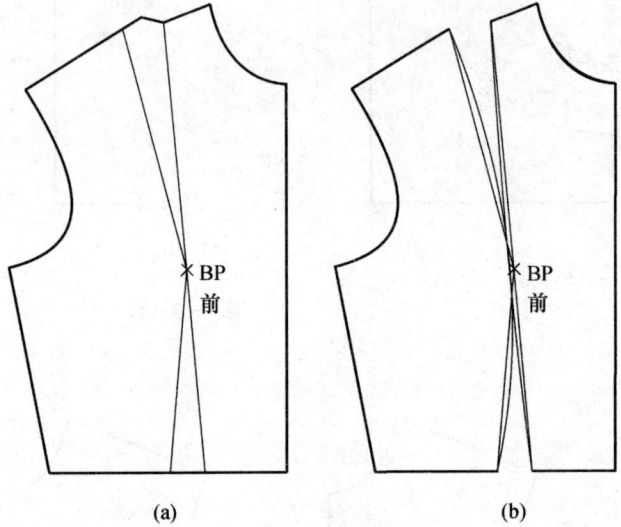

(a)   (b)

图 4 - 3 - 20

图 4 - 3 - 21

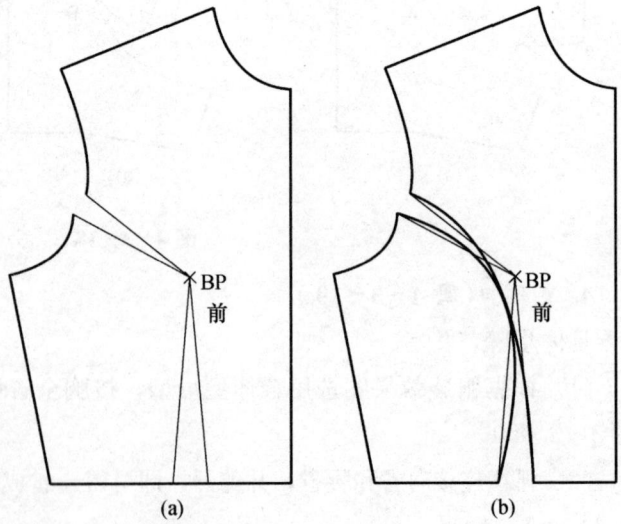

(a)   (b)

图 4 - 3 - 22

六、省道设置与转移的相关原则

1. 省道的转移原则

（1）所有省道经过 BP 点，转移后张角相等，但省道长度不等。

（2）如新省道不经过 BP 点，则应尽量作通过 BP 点的辅助线使两者相连，然后再转移省道。

2. 连省成缝原则

（1）省道在连接时，应尽量通过或接近 BP 点，以发挥省道的合体作用。

（2）经纬向省道连接时，考虑最短路径。

（3）连省成缝时，对连接线进行细部修正。

（4）省道连接如按原来形状不理想时，应先进行省道转移再连接。

第四节 背省的设置与转移

背省的设置主要是为了使服装符合人体肩胛骨突出的特征。由于人体肩胛骨突出不如胸部突出量大，因此背省要比胸省小，且变化不多。对于腰部合体的针织服装，与前衣片相似，后衣片也需要设置腰省。

一、背省的设置部位

背省有肩省、领口省、育克省和腰省（图4-4-1）。

二、背省的设置方法

1. 后肩省的设置

（1）画后片母型，并定出肩省的位置 pa ［图4-4-2（a）］。

（2）以 p 点为圆心，pa 为半径，向外转动至 a' 点，$aa' = 1.5 \sim 1.8cm$。画出转动后的母型，测量 bb' 的距离约为 1.2cm ［图4-4-2（b）］。

（3）将 c' 点向上抬高 $\dfrac{bb'}{2}$ 至 c'' 点，过 c'' 点作 $a'c'$ 的平行线；延长 pa' 与平行线相交于 a''；延长 pa，并使 $pa'' = pd$，连接 ed ［图4-4-2（c）］。

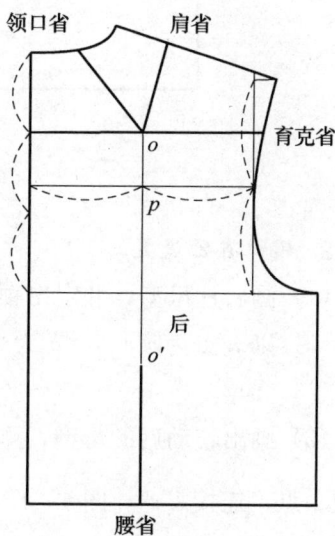

图4-4-1

（4）连接 od 和 oa''，画出具体的省线［图 $4-4-2$（d）］。

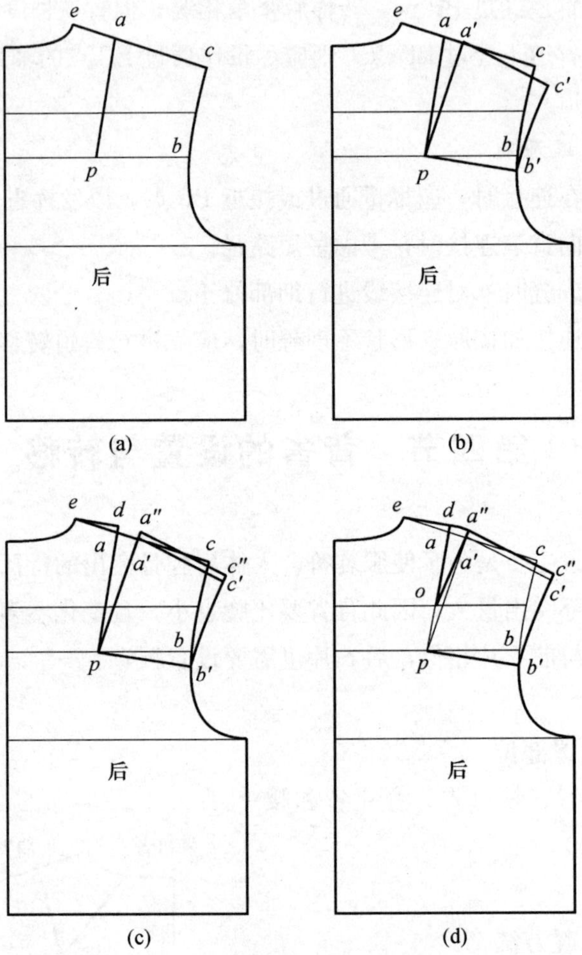

(a)　　　　　(b)

(c)　　　　　(d)

图 $4-4-2$

2. 领口省的设置

（1）画后片母型，并定出领口省的位置 pa［图 $4-4-3$（a）］。

（2）以 p 点为圆心，pa 为半径，向外转动至 a' 点，$aa'=1.2\sim1.5cm$［图 $4-4-3$（b）］。

（3）画出转动后的母型，测量出 bb' 的距离约为 $1.2cm$，将 c' 点向上抬高 $\dfrac{bb'}{2}$ 至 c'' 点，连接 $d'c''$［图 $4-4-3$（c）］。

（4）画出具体的省线［图 $4-4-3$（d）］。

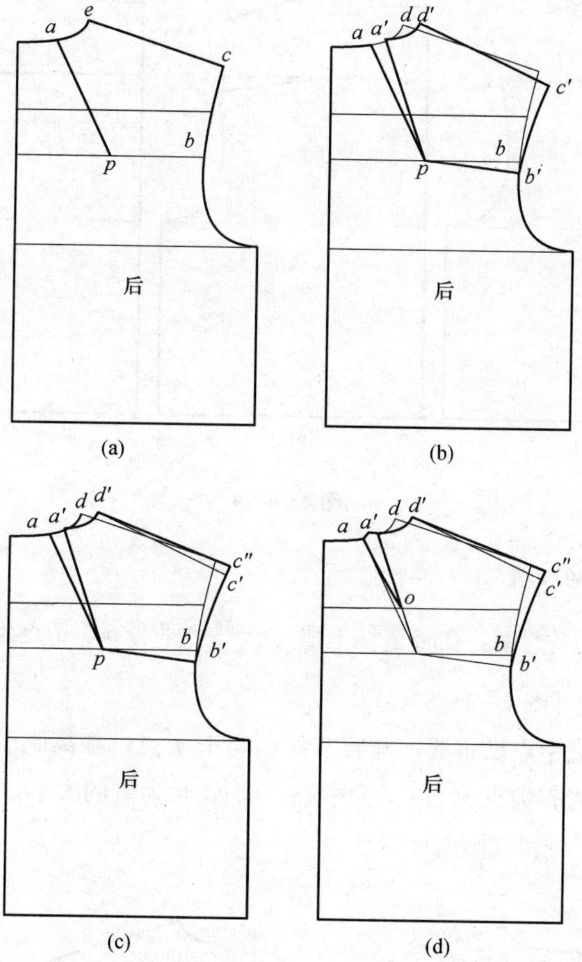

图 4 - 4 - 3

3. 育克省的设置

育克省往往不是以省道的形式出现，而更多的是以育克的形式出现，并隐含在育克的接缝中。

（1）画后片母型，并定出育克的位置［图 4 - 4 - 4 （a）］。

（2）以 o 点为圆心，oa 为半径，向下转动至 a' 点，$aa'=1\sim1.2$cm［图 4 - 4 - 4 （b）］。

（3）将 b 点上抬 $\dfrac{2aa'}{3}$cm 至 b' 点，连接 $b'c$ 为新的肩斜线。画出具体育克线［图 4 - 4 - 4 （c）］。

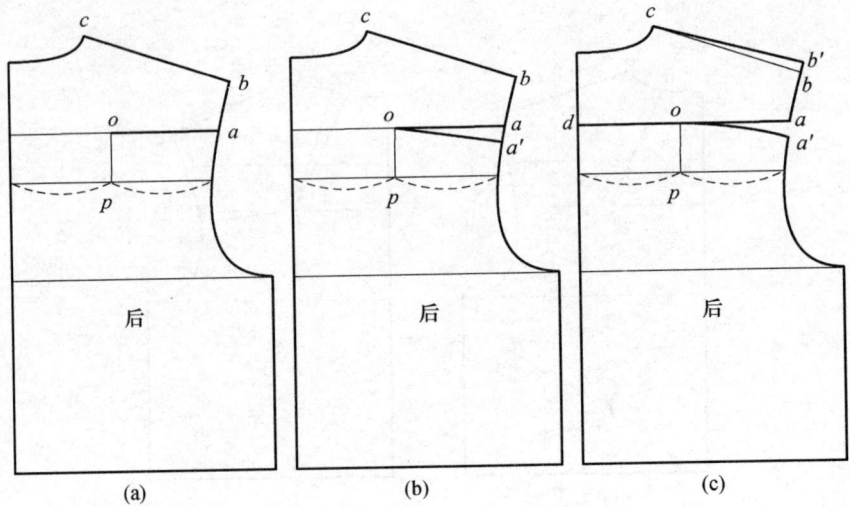

图 4 - 4 - 4

4. 后腰省的设置

(1) 画出后片母型，在腰节线上取 $ab=\dfrac{W}{4}$，平分 bc，d 点为中点，连接 de，作出新的侧缝线 [图 4 - 4 - 5 (a)]。

(2) 过背宽中点做垂线，与腰节线相交于 f 点，在离胸围线下 $1.5\sim2\text{cm}$ 处向下取一点为省尖点 o，以 f 为中心，取 bd 长为省的大小，分别与 o 点相连得腰省 [图 4 - 4 - 5 (b)]。

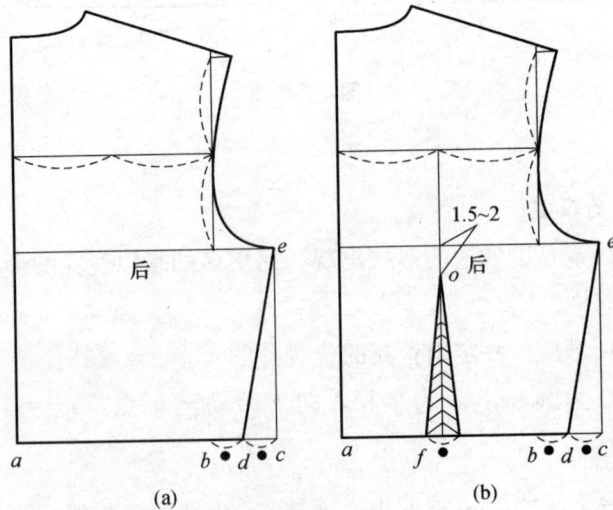

图 4 - 4 - 5

复习与作业

1. 画出下面规格尺寸的针织女装母型。

单位：cm

号型	胸围	背长	肩宽	领围
160/84	80（紧身）	37	35	36
	90（合体）	37	38.5	37
	100（宽松）	37	43	38

2. 画出下面规格尺寸的针织男装母型。

单位：cm

号型	胸围	背长	肩宽	领围
170/88	90	42	40	36
	100	42	43	37

3. 画出下面规格尺寸的针织内衣母型。

单位：cm

号型	胸围	衣长	挂肩	肩宽	领宽	前/后领深
160/85	85	55	20	37	19	10/2.5

4. 建立合适的服装母型，运用胸省设置及转移的原理完成下面效果图中（题图 4-1～题图 4-7）省道、分割线或褶裥的设置。

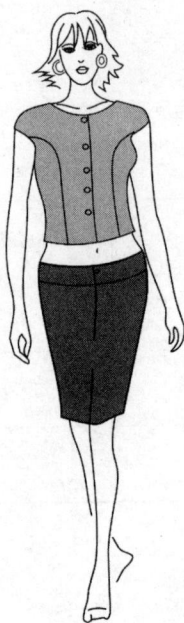
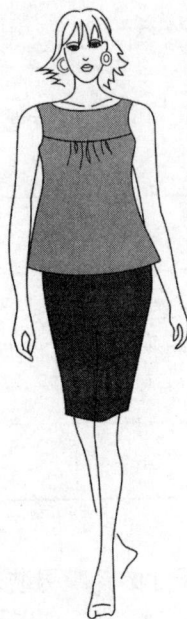

题图 4－1   题图 4－2   题图 4－3   题图 4－4

题图 4－5   题图 4－6   题图 4－7

专业理论知识及专业技能——

针织服装衣领结构

课程名称： 针织服装衣领结构

课程内容： 1. 衣领分类

　　　　　　2. 无领结构设计

　　　　　　3. 有领结构设计

上课时数： 8课时

教学提示： 阐述各类领型的着装效果与结构设计的关系，引导
学生能根据效果图进行各类领型的结构设计。

　　　　　　布置本章作业，并保留在课堂上提问和交流的时间。

教学要求： 使学生掌握各种领型结构设计的方法。

第五章 针织服装衣领结构

领子是服装的主要局部结构之一，在整体造型中起着"提纲挈领"的作用。领子的款式千变万化，造型极其丰富，既有外观形式上的差别，又有内部结构的不同，每一种类型的领子都有自身的特点以及不同的结构设计方法。

第一节 衣领分类

一、机织服装常用领型

影响领型的是领围线的深、浅、宽、窄的变化以及各种形状的领子，机织面料的服装领型种类繁多，其应用范围十分广泛，常用领型如下：

（1）一字领：领围线基本成直线，看起来好像水平线，此种领型可用于晚礼服或鸡尾酒服，如图5-1-1（a）所示。

（2）船型领：领围线略呈弧形，用于运动装或夏季服装。穿上这种领型的服装，脸部的轮廓线会显得十分明显，不太适合下颌过尖的脸型，如图5-1-1（b）所示。

（3）圆形领口：顺着颈根围挖剪成自然的圆形领口。若把领口再挖大点，可减少颈部压迫感；较小的圆领口，会显得更圆润可爱，如图5-1-1（c）所示。

（4）U字领：比圆领口显得更成熟，领圈呈U形，可配合设计加大或减少前领深的大小，但若前领挖得过大时，还需搭配其他服装或内加一层抹胸，如图5-1-1（d）所示。

（5）方形领口：方领口的大小深浅可随设计任意变化，开得大的方领口富有浪漫气息，且可以有效地衬托出脖子及肩的柔美线条，如图5-1-2（a）所示。

（6）V字领：前中心呈V字形，许多运动装的领圈均采用此领型，V字领平行加几道贴边的设计显得富有韵律感而活泼。较浅的V字领显得较柔和，较深的V字领可用于晚礼服、鸡尾酒服，如图5-1-2（b）所示。

（7）连身立领：从衣身向上延伸顺着脖子竖立，格调高雅，如图5-1-2（c）所示。

（8）翻领：领座低矮而略离颈部，领子翻在领座外面，可根据领围线形状、

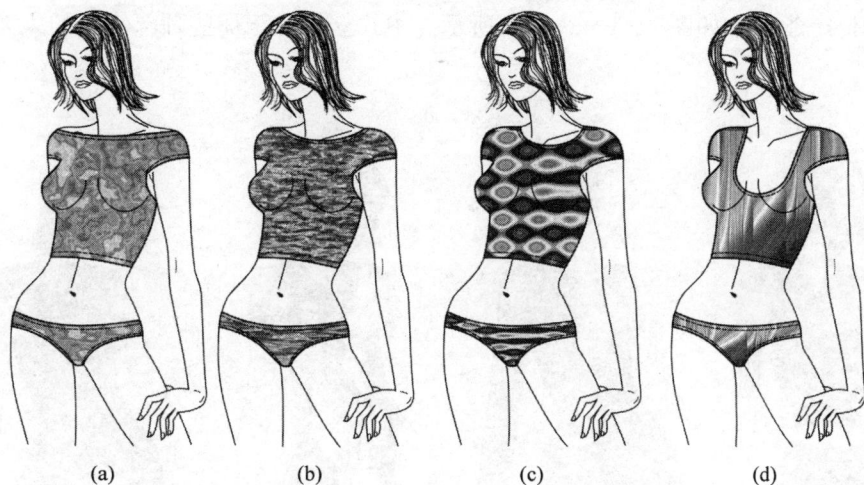

图 5 - 1 - 1

领子的宽度、领尖的长度等加以变化，来迎合不同年龄的人穿着，如图 5 - 1 - 2 (d) 所示。

图 5 - 1 - 2

（9）衬衫领：像男衬衫般有领座且紧贴颈部，有翻领，可在翻领上加装饰线以表现粗犷风格，如图 5 - 1 - 3 （a）所示。

（10）香港衫领：领子既能敞开呈翻驳领，又能扣住为关门领，可用于套装、衬衫、外套等，范围很广，如图 5 - 1 - 3 （b）所示。

（11）坦领：几乎没有领座，领子服帖在肩膀上，这种从颈部平平地翻出的宽领子，是非常可爱的领型，如图 5 - 1 - 3 （c）所示。

(12) 中式立领：源于中式服装，是圆领角的关门立领，如旗袍领，是中国的传统领型，如图 5-1-3（d）所示。中式立领对于那些颈部修长的人尤为适宜。

| (a) | (b) | (c) | (d) |

图 5-1-3

(13) 卷领：顾名思义，领面自然下卷，围绕在颈部，如图 5-1-4（a）所示。

(14) 结领：长条形领片，在前领口处打结。此领风格沉着稳重，较受年长女性的喜爱，可用胸针来点缀，使其更富有变化效果，如图 5-1-4（b）所示。

(15) 蝴蝶结领：领片较长，在前身系成蝴蝶结，很适合年轻妇女，若前领口略微下降，不管是大脸盘还是中年女性都适合穿着，如图 5-1-4（c）所示。

(16) 水手领（海军领）：法国著名设计师夏奈尔首先将水手服的领子应用在女性服装上，此种领型也是女童装、学生服常用的领子，富有青春、活泼的气息，如图 5-1-4（d）所示。

(17) 连衣方领：从外表看是一整片领子连着衣服，并不是剪开再接缝，如图 5-1-5（a）所示。

(18) 荷叶领：领片呈荷叶边状的领型。其领片的外围线较内围线长，外围线越长则波浪越多，此种领型具有浪漫气息，如图 5-1-5（b）所示。

(19) 青果领：类似于青果状的领型，具有较圆润缓和的线条，很适合用于小外套，如图 5-1-5（c）所示。

(20) 西装领：使用极为广泛，男西装、女西装、外套经常采用，其前领为前身片的延伸裁剪，后领则为独立的一片，如图 5-1-5（d）所示。

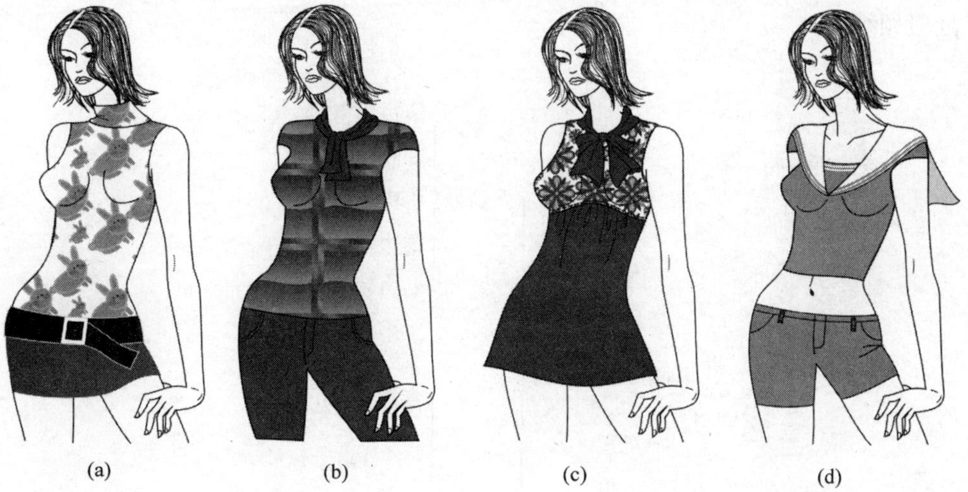

图 5 - 1 - 4

图 5 - 1 - 5

二、针织服装常用领型分类

针织服装最初的款式大多为内衣，所以常见的领型通常为无领、立领等。近年来，内衣外穿的着装理念被广大消费者所接受，很多原来应用在机织服装上的领型也越来越多地被采用在针织服装上。针织服装的领型分为两大类，即无领型和有领型。无领型从工艺上又分为滚边领、罗纹领、折边领、饰边领、贴边领等，如图 5 - 1 - 6 所示。有领型从服装结构上分为立领（图 5 - 1 - 7）、翻领（图 5 - 1 - 8）、坦领（图 5 - 1 - 9）、连帽领（图 5 - 1 - 10）和翻驳领（图

5-1-11)。由于针织面料的弹性及翻驳领造型的要求，针织服装中较少采用翻驳领结构。

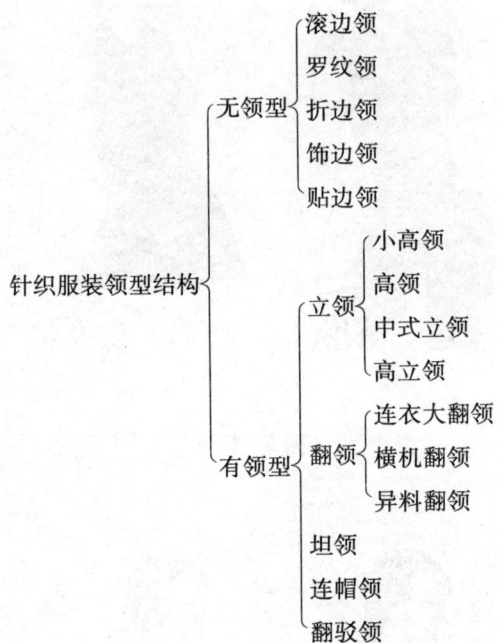

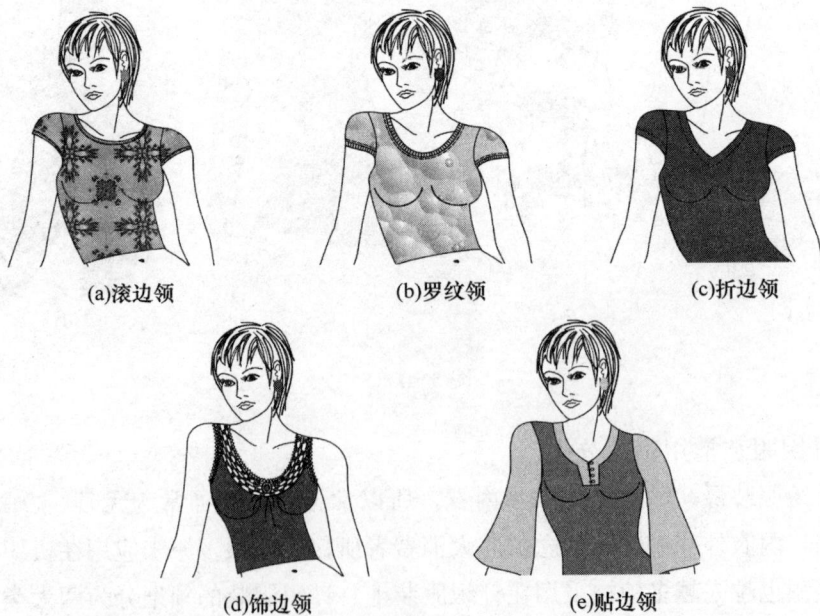

图 5-1-6

(a)小高领　　　(b)高领　　　(c)中式立领　　　(d)高立领

图 5 - 1 - 7

(a)连衣大翻领　　　(b)横机翻领　　　(c)异料翻领

图 5 - 1 - 8

图 5 - 1 - 9　　　图 5 - 1 - 10　　　图 5 - 1 - 11

第二节　无领结构设计

一、圆形领口

根据图 5 - 2 - 1（a）所示，在母型的原有领口弧线上作出图 5 - 2 - 1（b）所示的新的领口弧线，修正后，新的领型结构设计就完成了，如图 5 - 2 - 1（c）所示。

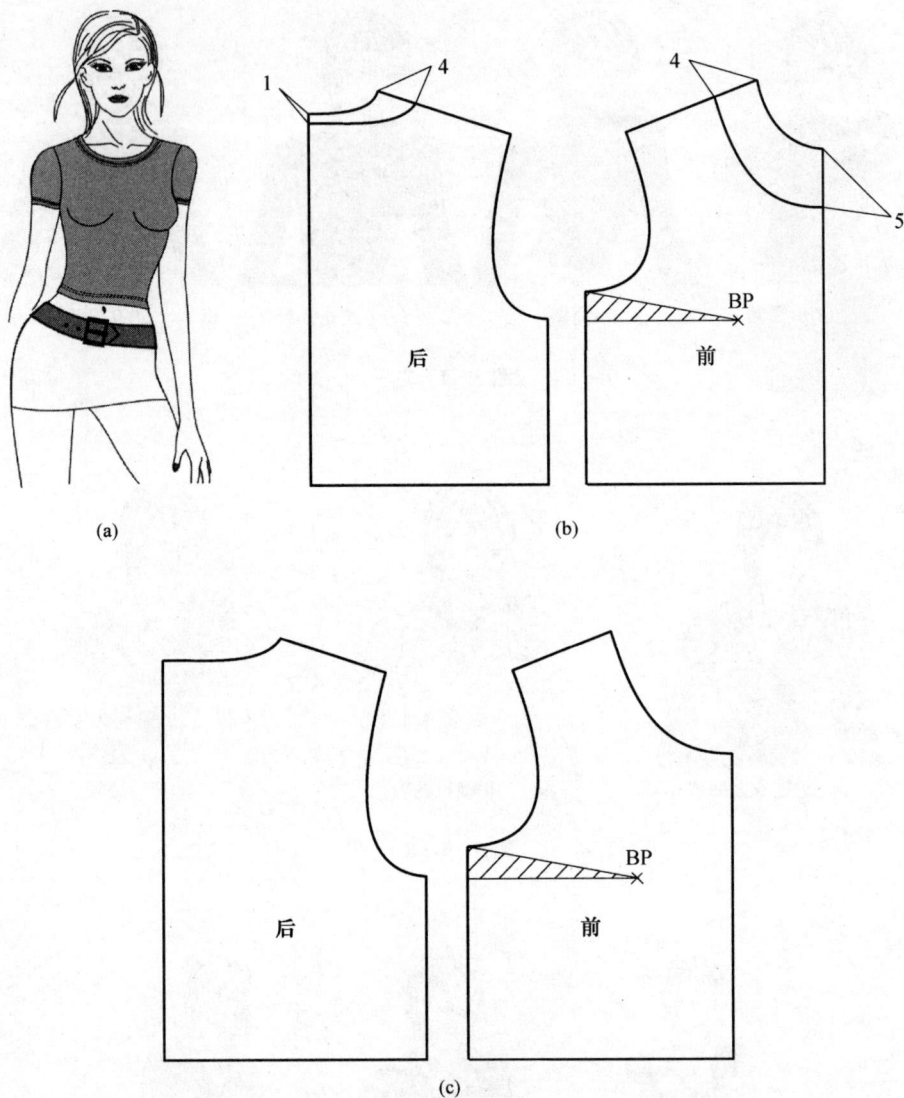

(a)

(b)

(c)

图 5 - 2 - 1

二、变化圆形领口

根据图 5 - 2 - 2 (a) 所示，在母型的原有领口弧线上按照图 5 - 2 - 2 (b)、图 5 - 2 - 2 (c) 所示，分步画出新变化的圆形领领口弧线，进行修正后，新的领型结构设计就完成了，如图 5 - 2 - 2 (d) 所示。

三、V字领

根据图 5 - 2 - 3 (a) 所示，在母型的原有领口弧线上作出图 5 - 2 - 3 (b)

(a)

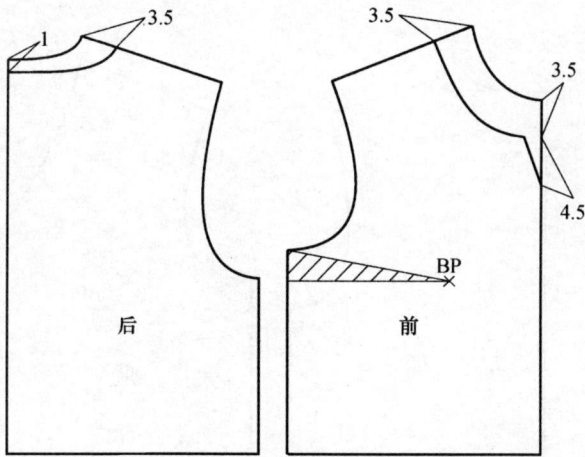

(b)

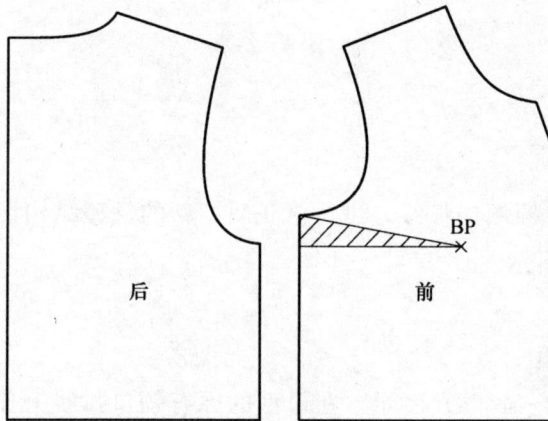

(d)

图 5 - 2 - 2

(a)　　　　　　　　　　　　(b)

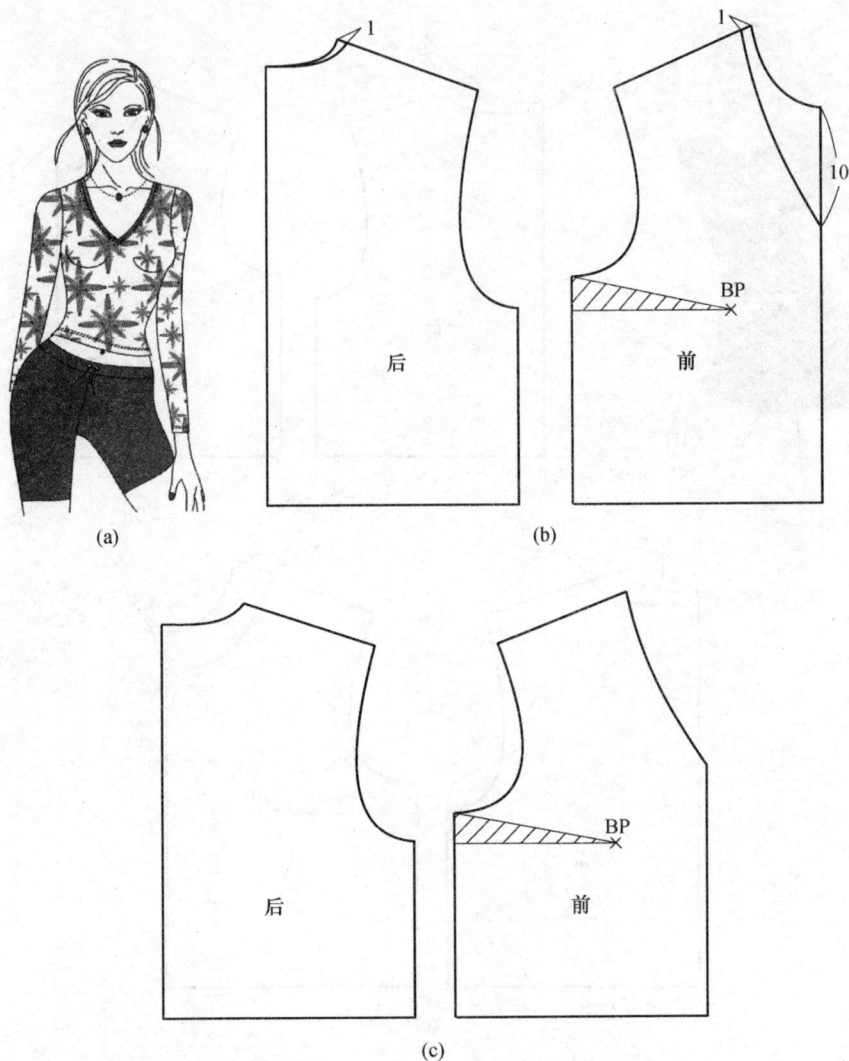

(c)

图 5-2-3

所示的新的 V 字领领口弧线，进行修正后，新的领型结构设计就完成了，如图 5-2-3（c）所示。

四、变化 V 字领

根据图 5-2-4（a）所示，在母型的原有领口弧线上作出如图 5-2-4（b）所示的新变化的 V 字领领口弧线，进行修正后，新的领型结构设计就完成了，如图 5-2-4（c）所示。

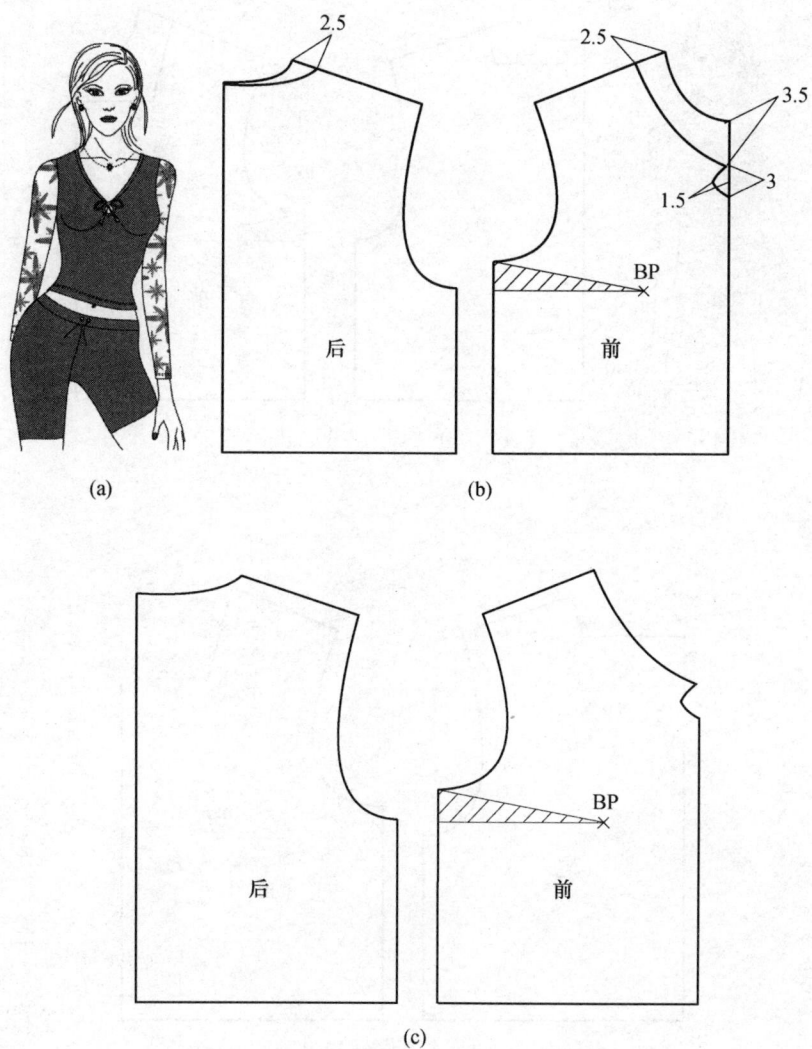

图 5 - 2 - 4

五、方形领口

根据图 5 - 2 - 5 （a）所示，在母型的原有领口弧线上作出图 5 - 2 - 5 （b）所示的新的方形领领口弧线，进行修正后，新的领型结构设计就完成了，如图 5 - 2 - 5 （c）所示。

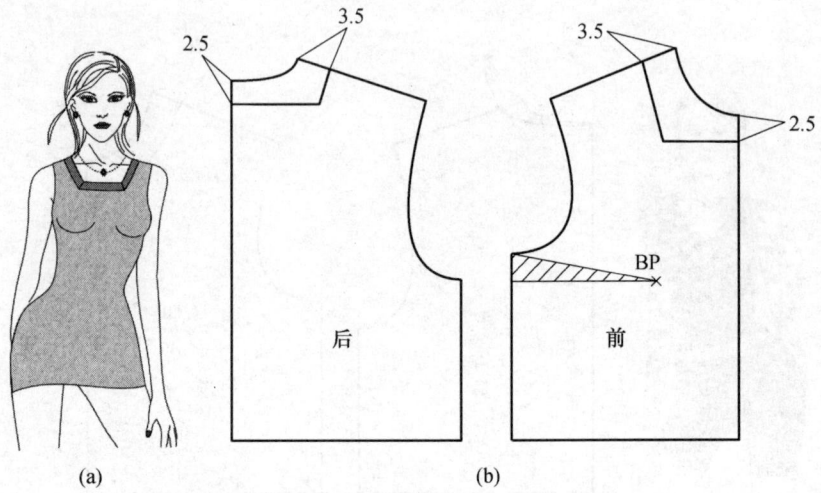

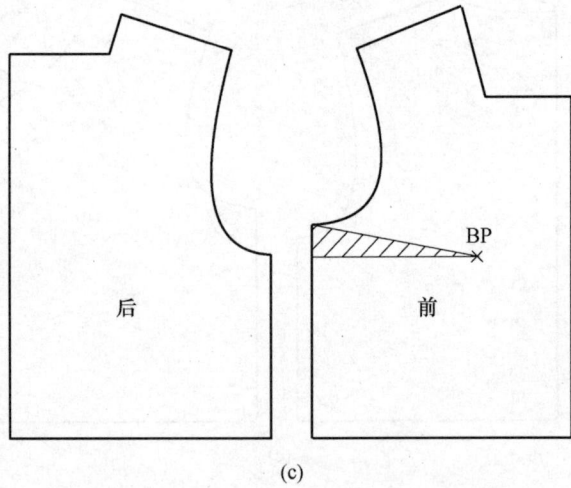

图 5-2-5

六、一字领

根据图 5-2-6（a）所示，在母型的原有领口弧线上作出图 5-2-6（b）所示的新的一字领领口弧线，进行修正后，新的领型结构设计就完成了，如图 5-2-6（c）所示。

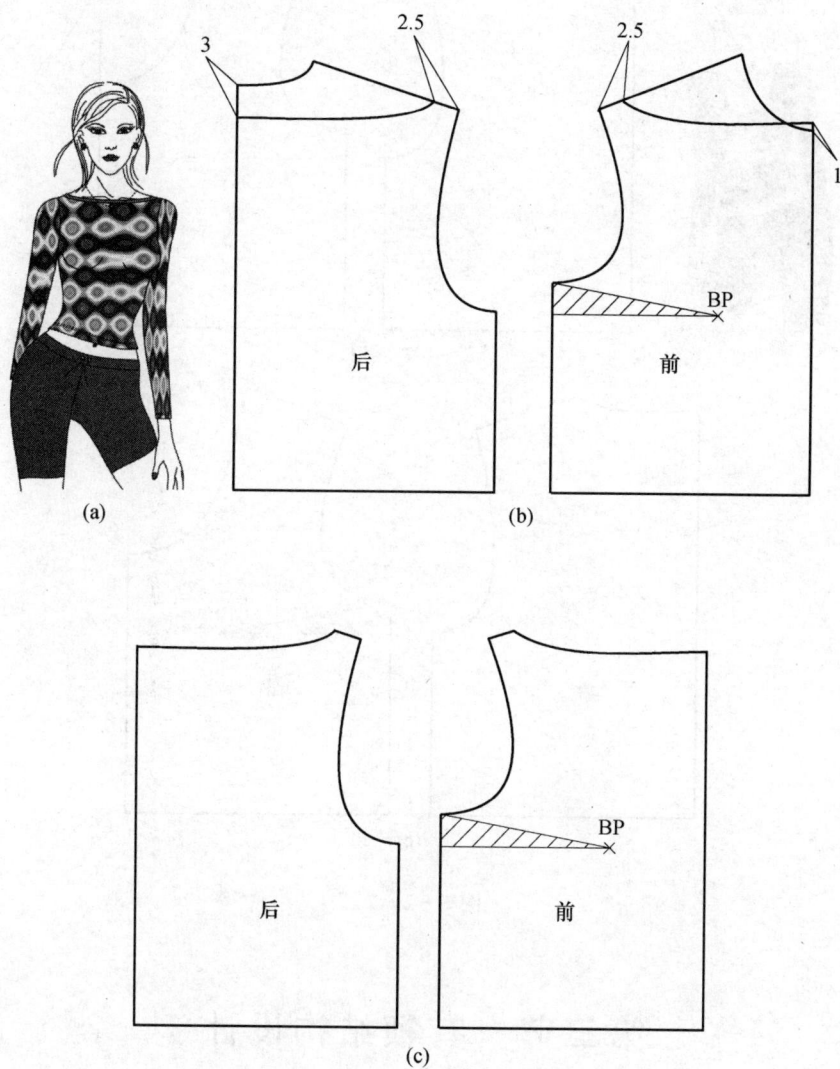

图 5 - 2 - 6

七、U 字领

根据图 5 - 2 - 7（a）所示，在母型的原有领口弧线上作出图 5 - 2 - 7（b）所示的新的 U 字领领口弧线，进行修正后，新的领型结构设计就完成了，如图 5 - 2 - 7（c）所示。

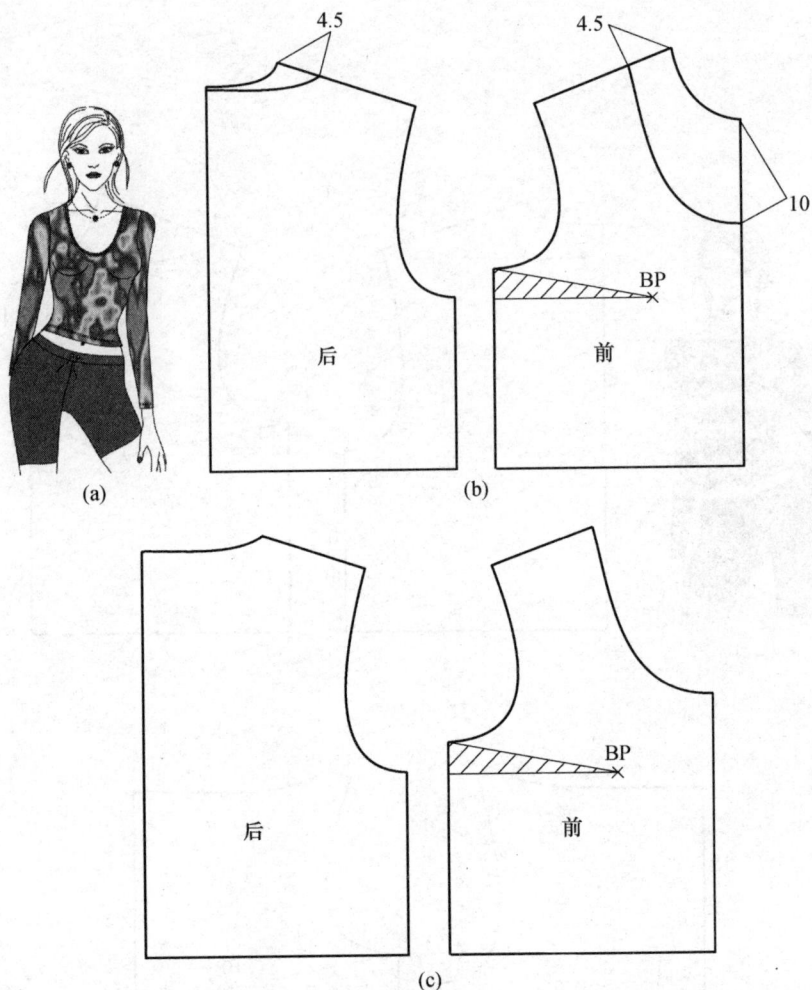

图 5 - 2 - 7

第三节　有领结构设计

一、立领

立领造型是领子竖立围绕在颈部周围的领型（图 5 - 3 - 1），其制图的依据是前、后衣片的领口弧长，如图 5 - 3 - 2 所示。由于人体的颈项基部较粗，颈项上部较细，领子若按图 5 - 3 - 2 所示以直线方式制图，则完成后的领子必然呈现出上领口与颈部产生距离而不服帖的情况，如图 5 - 3 - 3（a）所示。为使领子贴合颈部，必须将多余的部分折叠［图 5 - 3 - 3（b）］，从而使领子的上领围长度随之缩短，前中心提高，下领围形成弧线状，如图 5 - 3 - 3（c）所示。

图 5-3-1

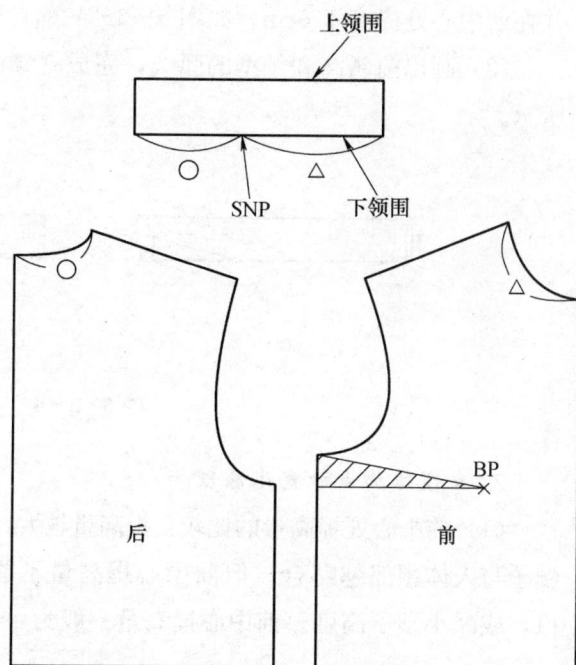

图 5-3-2

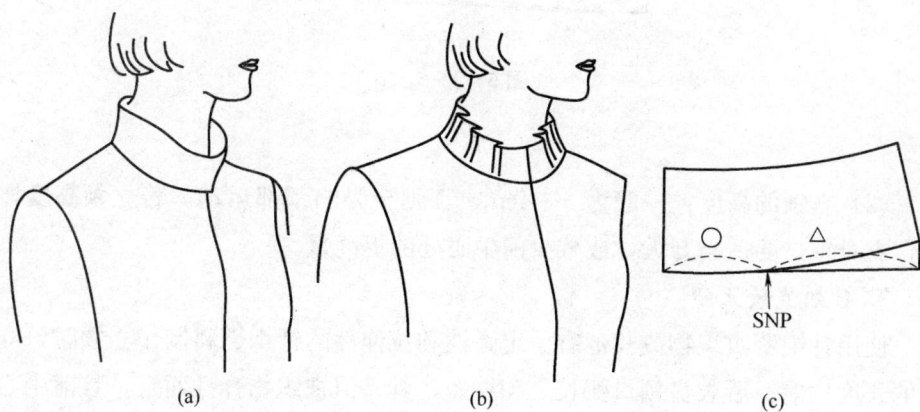

图 5-3-3

　　因此，一般立领在制图时，后中心处都固定在直角位置上，前中心处会按照领型作适度的提高，以使领子的上领围线缩短，符合人体颈项基部较粗、上部较细的特征。

1. 立领结构设计步骤

（1）根据前、后衣片的前、后领口弧长，定出领子的下领围长和后领高，并在前中心处提高 1.5cm，如图 5 - 3 - 4（a）所示。

（2）画出前领高和领型的弧线，完成立领的结构设计，如图 5 - 3 - 4（b）所示。

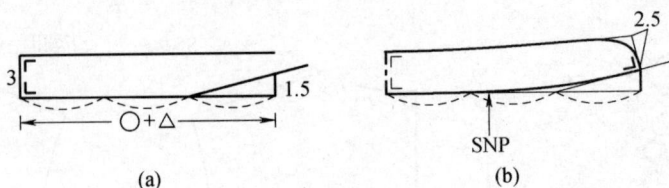

图 5 - 3 - 4

2. 立领结构设计变化原理

（1）前中心处提高量的比较：提高量越大，上领围弧长越短（图 5 - 3 - 5），领子与人体颈部越贴合。但前中心提高量不能过大，否则要适当开大衣身领口，或减小领子高度。前中心提高量一般为 1～4cm。

图 5 - 3 - 5

（2）立领的高度：一般为 3～4cm，否则会影响颈部运动。若立领高度增加，衣身领口要适当开大，或减少前中心处的提高量。

3. 针织罗纹立领

使用针织罗纹织物或其他有一定弹性和拉伸性的针织面料制作立领时，立领的长度比前、后衣身领口弧长之和要短，其差值视织物弹性而定，且前中心可以不提高，如图 5 - 3 - 6 所示。

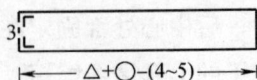

图 5 - 3 - 6

$$\frac{罗纹领长}{2}=\frac{领口长度}{2}-(4\sim5)$$

或
$$罗纹领长=领口长度\times(80\%\sim85\%)$$

4. 立领结构变化

（1）高立领：图 5 - 3 - 7（a）所示的立领较高，因此可对大身领口进行修正，如图 5 - 3 - 7（b）所示。高立领结构设计如图 5 - 3 - 7（c）所示。

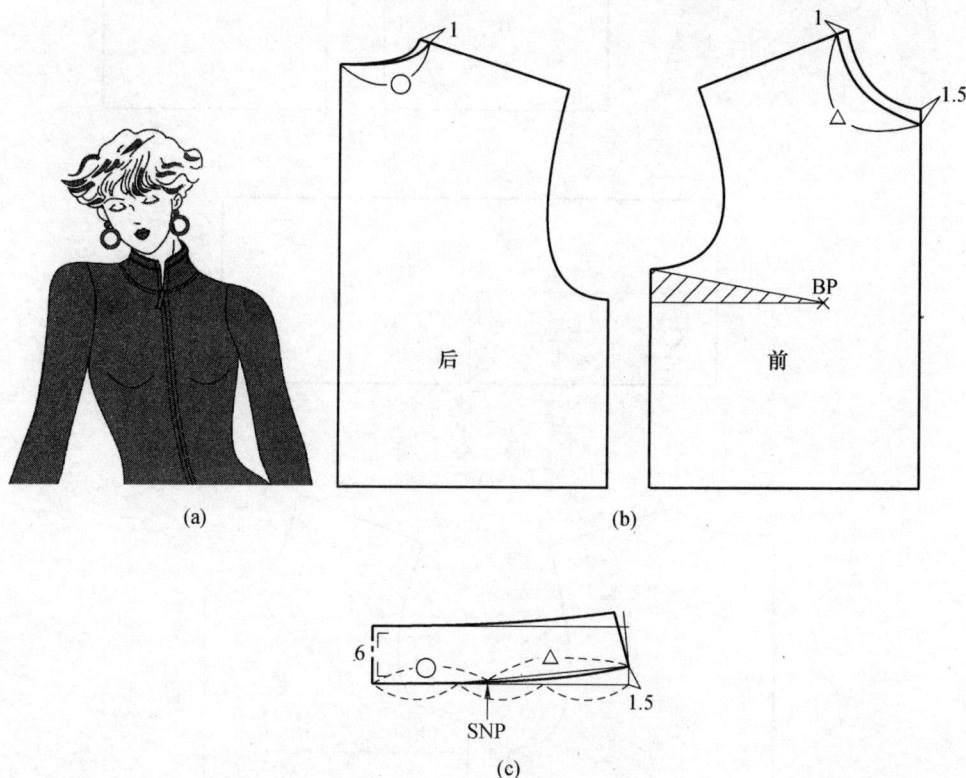

图 5 - 3 - 7

（2）樽领：根据图 5 - 3 - 8（a）所示，在母型的原有领口弧线上作出如图 5 - 3 - 8（b）所示的新 U 字领领口弧线，然后分别测量前、后领口弧长△和○的长度，以○＋△的尺寸为长度，以 7cm 为宽度做一个矩形，并在此基础上画出新矩形，新矩形的长和宽分别是原矩形的 2 倍，新矩形即樽领的结构图，如图 5 - 3 - 8（c）所示。修正后的衣片结构图如图 5 - 3 - 8（d）所示。

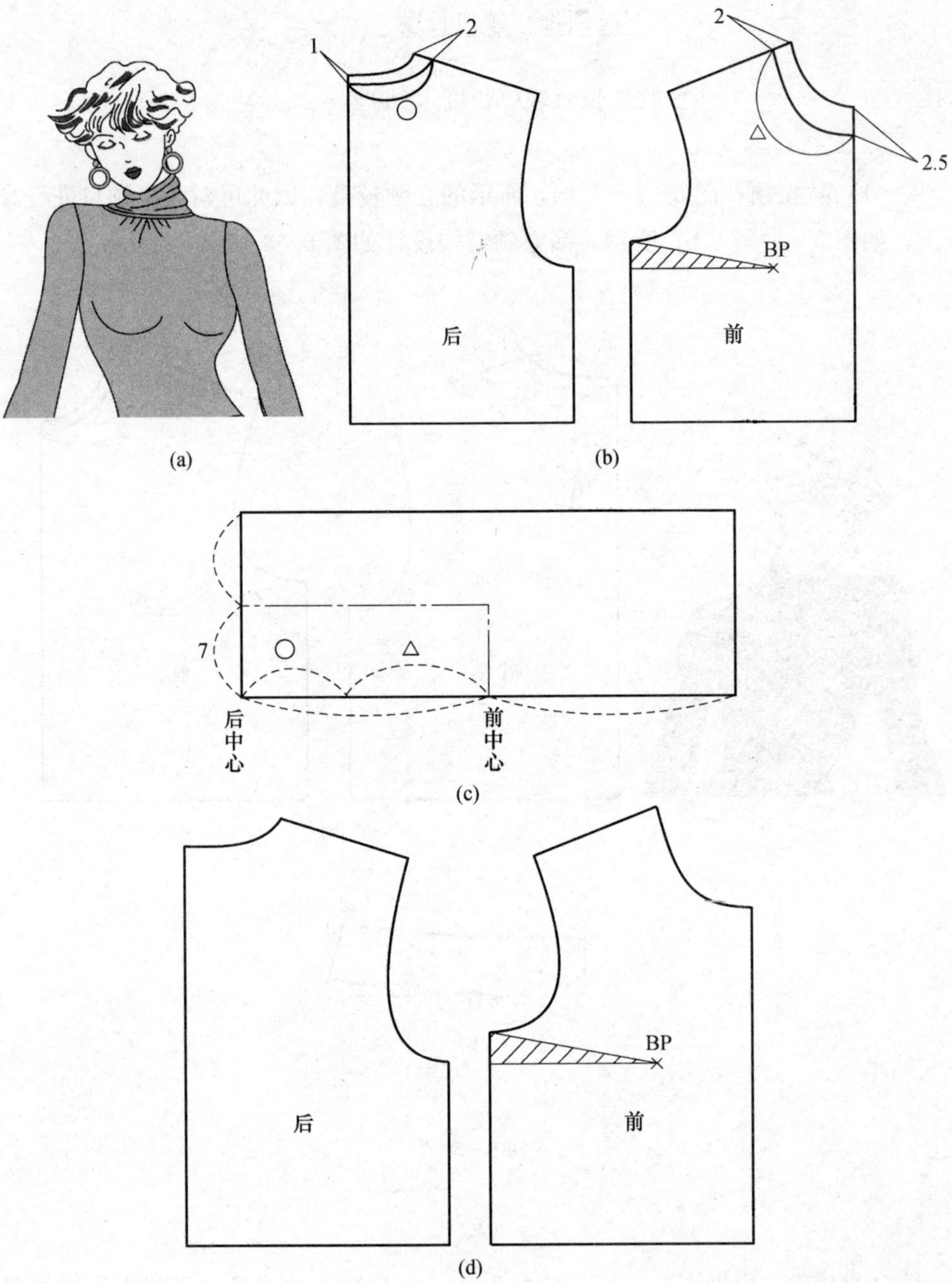

图 5 - 3 - 8

二、坦领

坦领的造型是无领座或只有很小的领座，领子摊贴在领口上的一种领型，又可称为平面领或披领，如图 5 - 3 - 9 所示。

1. 坦领结构设计步骤

坦领结构设计是采用前、后衣片肩缝线重叠来绘制领子，并在母型的领口弧线基础上修正坦领的下领口线。其结构设计步骤如下：

（1）画出前、后领口母型，按款式修正领口弧线，然后将前、后肩缝线重叠，重叠量与款式有关，如图5-3-10（a）所示。

（2）后领中心提高0.6cm（荷叶领除外），修正坦领下领口线，如图5-3-10（b）所示。后领中心提高是为了避免领子缝制后，后领处的领子与领口的接缝露在外面。

（3）按款式画出坦领外形线，如图5-3-10（b）所示。

2. 前、后片重叠量与坦领造型的关系

如果前后肩缝线的重叠量为0时，则完成的领子会由于领外口线太长，使领片不服帖、松懈而显得没精神，如图5-3-11所示。除了制作荷叶领外，前片、后片肩缝线均需要重叠，重叠量则根据需要与领子的形态而定。前、后肩缝线的重叠量与领座之间的关系：

（1）荷叶领：不需要重叠。

（2）肩缝线重叠1cm时，将形成几乎无领座的领子。

（3）肩缝线重叠2.5cm时，后领座将挺高约0.6cm［图5-3-12（a）］。

（4）肩缝线重叠4cm时，后领座将挺高约1cm［图5-3-12（b）］。

图5-3-9

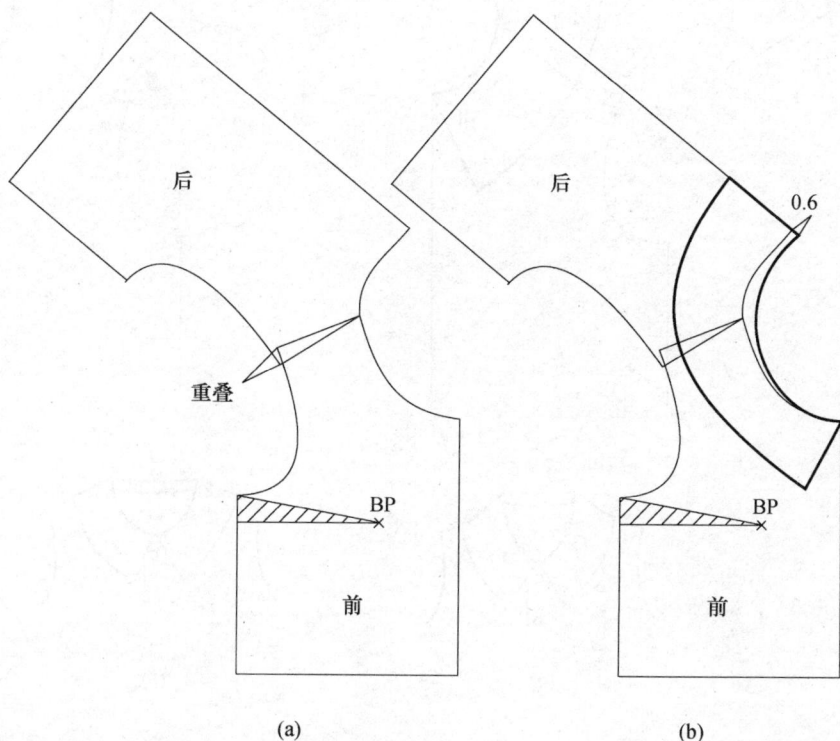

(a)　　　　　　　　　　(b)

图5-3-10

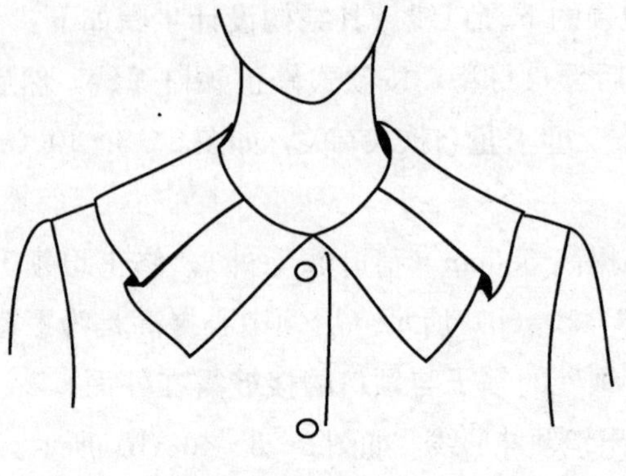

图 5 - 3 - 11

（5）肩缝线重叠 5cm 时，后领座将挺高约 1.25cm ［图 5 - 3 - 12（c）］。

（6）肩缝线的重叠量一般不能超过 6cm。如果重叠量过大，前、后领口弧线会出现不圆顺的现象，如图 5 - 3 - 12（d）所示。

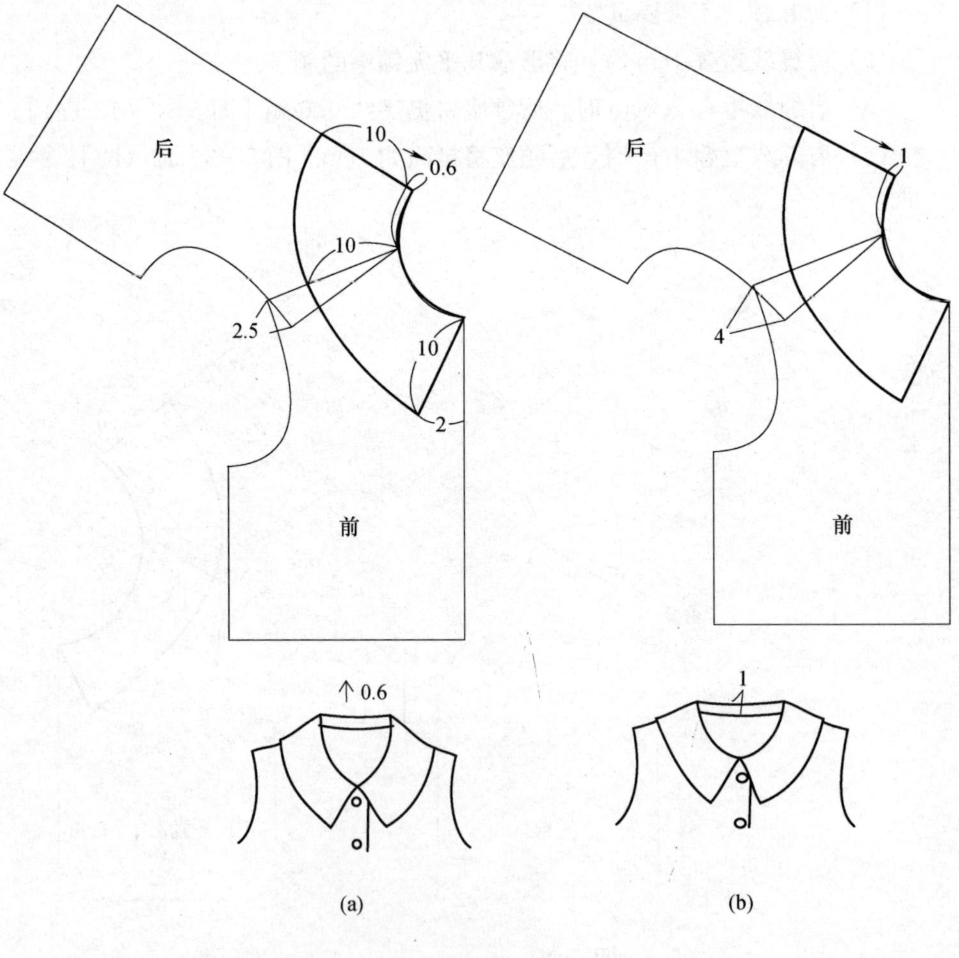

(a)

(b)

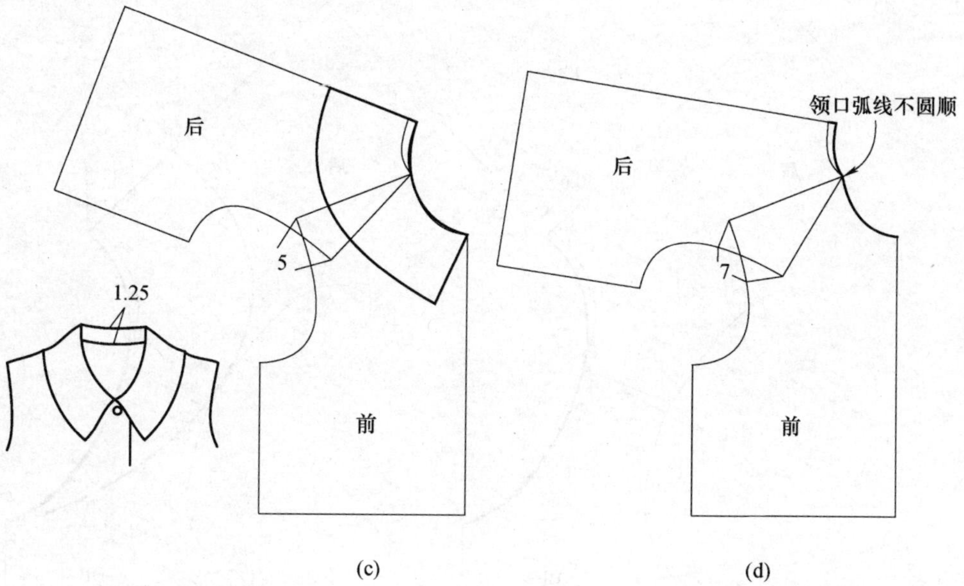

图 5 - 3 - 12

3. 坦领结构变化

（1）大 U 字坦领：在进行结构设计时，先按图 5 - 3 - 13（a）所示的大 U 字坦领修正母型的前、后领口弧线，如图 5 - 3 - 13（b）所示。

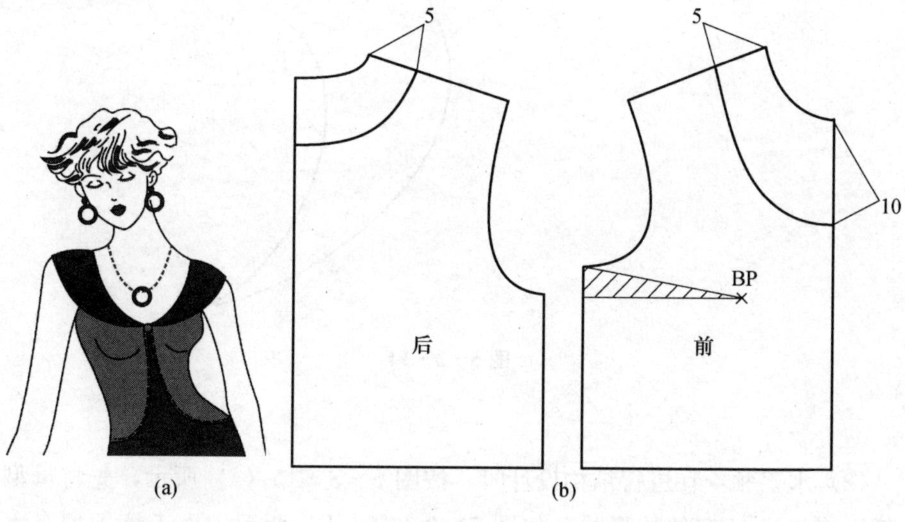

图 5 - 3 - 13

由于此款领型几乎没有领座，所以将前、后衣片肩缝线重叠 1cm，并在重叠后的衣片上画出效果图所要求的领片结构，如图 5 - 3 - 14 所示。

111

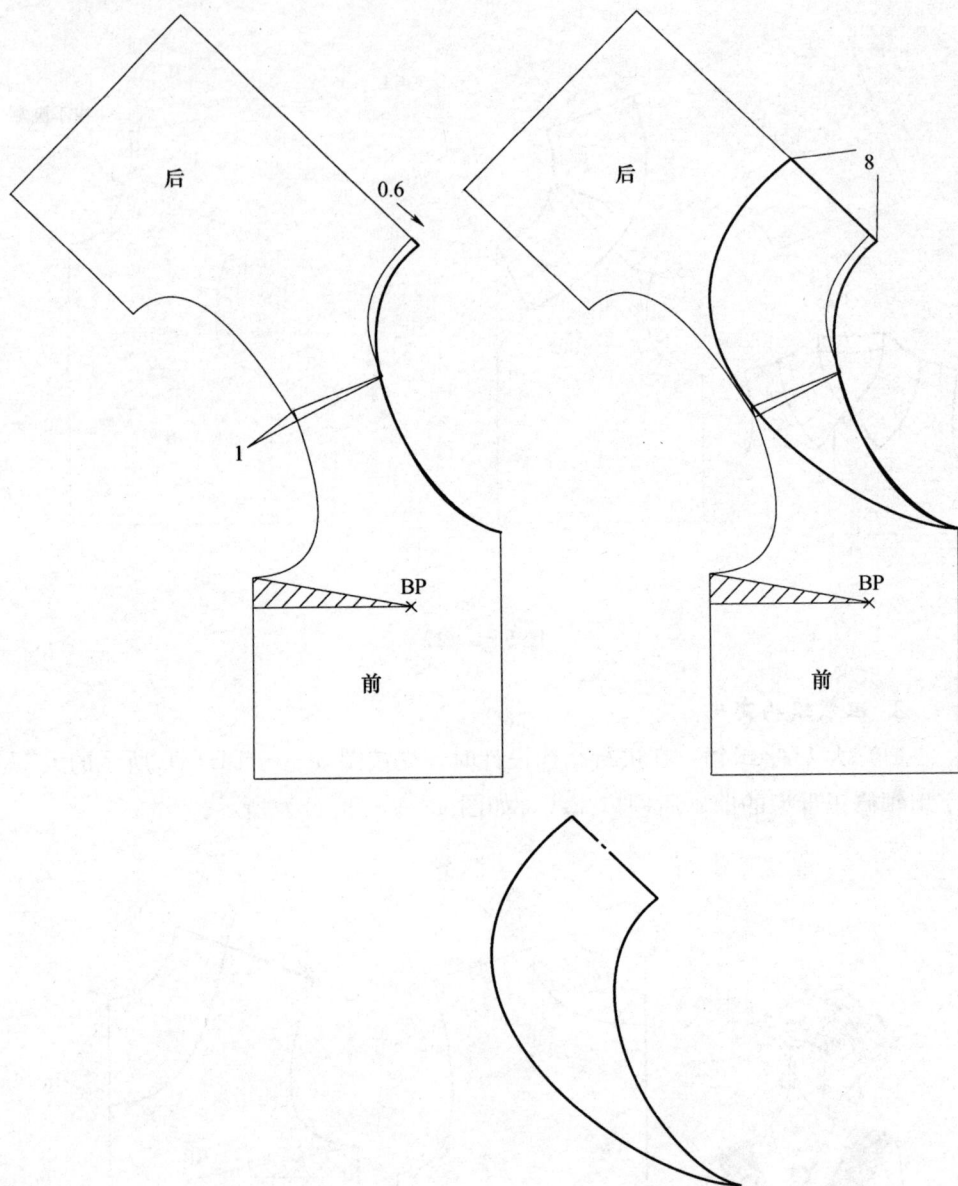

图 5 - 3 - 14

（2）水手领：在进行结构设计时，按图 5 - 3 - 15（a）所示，先将母型领口弧线修正成 V 字领的形状，如图 5 - 3 - 15（b）所示。由于该领型有大约 0.6cm 的领座，所以要将修正过的领口弧线的前、后片肩缝线重叠 2.5cm，在此基础上画出水手领的领片结构图，如图 5 - 3 - 16 所示。

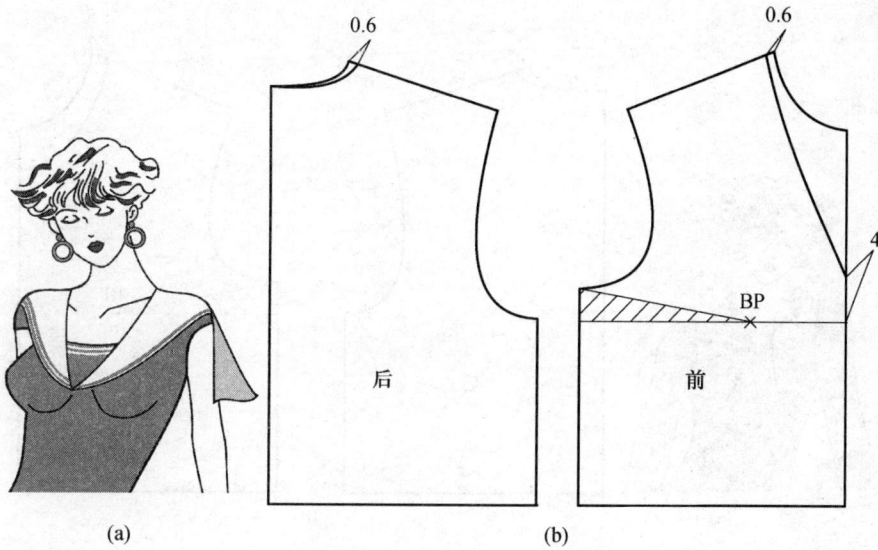

图 5 - 3 - 15

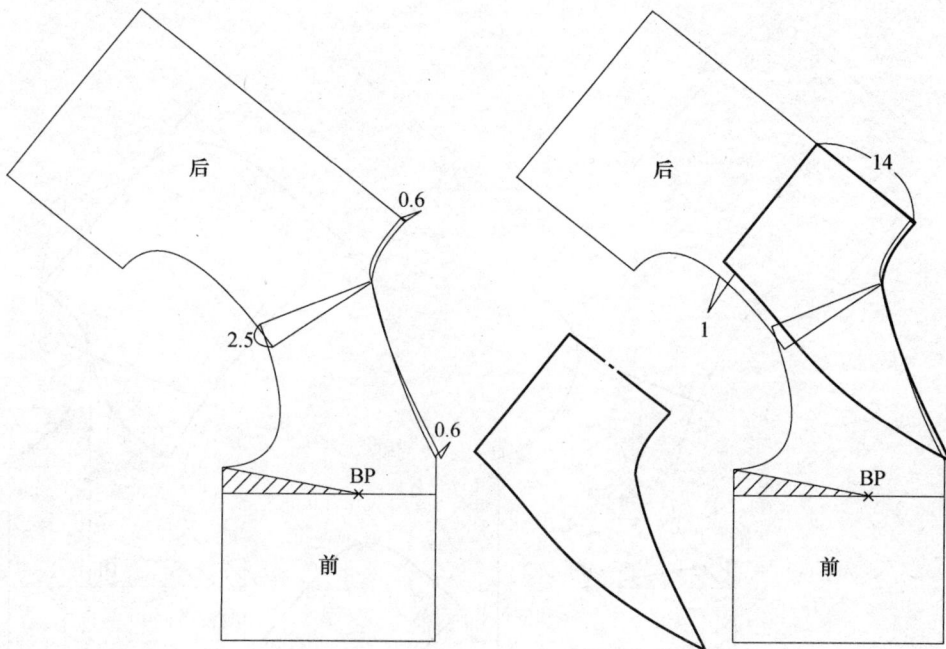

图 5 - 3 - 16

（3）连帽领：在进行结构设计时，根据图 5 - 3 - 17（a）所示，先修正母型前、后领口弧线，如图 5 - 3 - 17（b）所示。采用前、后衣片重叠法，因为是连帽结构，前、后衣片肩缝线的重叠量为 0，在此基础上画出帽子的结构，并使帽子的下口线与领口弧线尺寸相同，如图 5 - 3 - 18 所示。

图 5 - 3 - 17

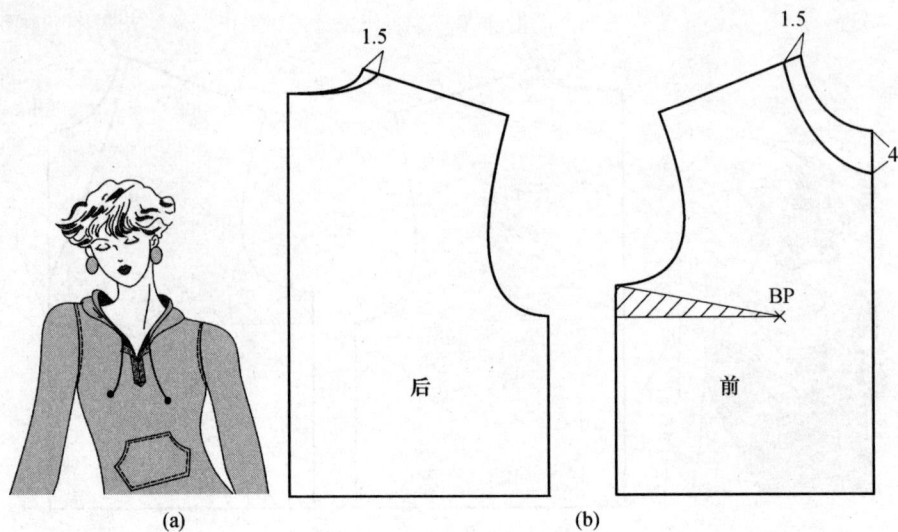

图 5 - 3 - 18

（4）方形坦领：在进行结构设计时，根据图 5 - 3 - 19（a）所示，修正母型领口弧线［图 5 - 3 - 19（b）］。由于该领型几乎没有领座，所以将修正过领口弧线的前、后片肩缝线重叠 1cm，从图 5 - 3 - 20 中可以看出领子超出

肩宽点，在肩宽处加长 1cm，在此基础上画出方形坦领的领片结构图（图 5 -
3 - 20）。

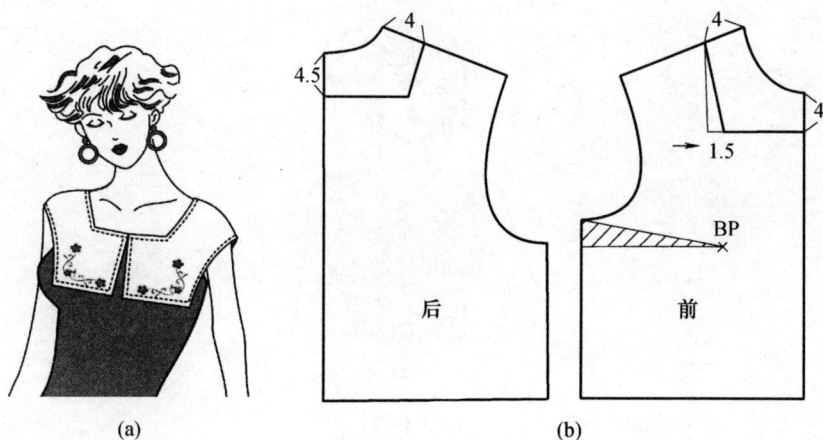

(a)　　　　　　　　　　(b)

图 5 - 3 - 19

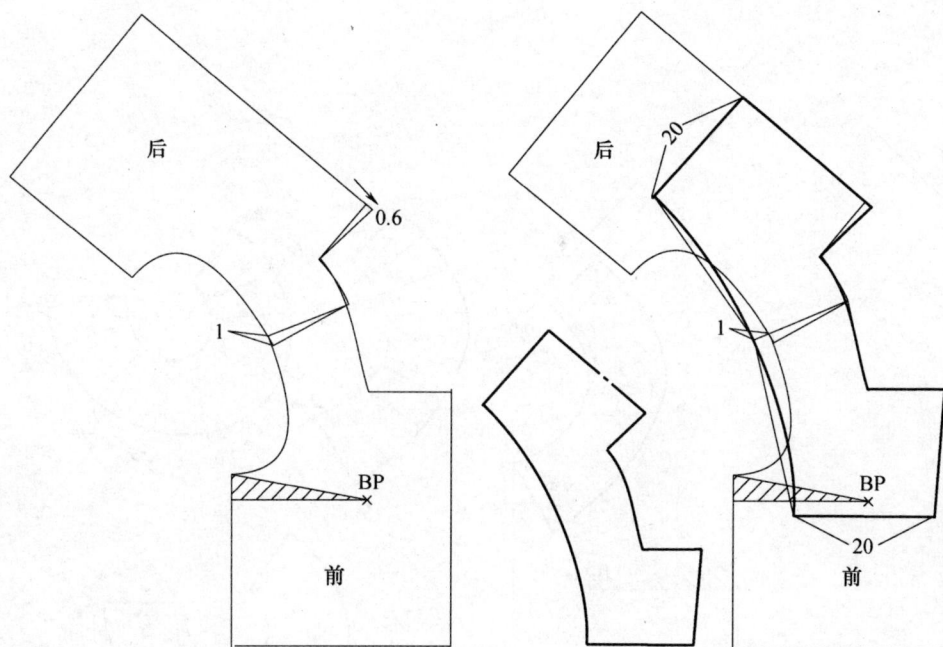

图 5 - 3 - 20

　　（5）荷叶领：如图 5 - 3 - 21（a）所示，根据圆领口的领口弧线修正母型
领口形状，并加出后搭门宽度 2cm，如图 5 - 3 - 21（b）所示。由于荷叶领需
要领子有一定的起伏感，所以前、后衣片的肩缝线重叠量为 0。按图 5 - 3 - 22
(a) 所示的方法进行领片结构设计，并移出领片结构图。为增加荷叶的起伏
感，在领片上添加几条辅助线［图 5 - 3 - 22（b）］，并如图 5 - 3 - 22（c）所示

切展，切展量的大小与荷叶起伏的大小有关。修正后可得到最终的荷叶领结构图［图5-3-22（d）］。

(a)

图 5 - 3 - 21

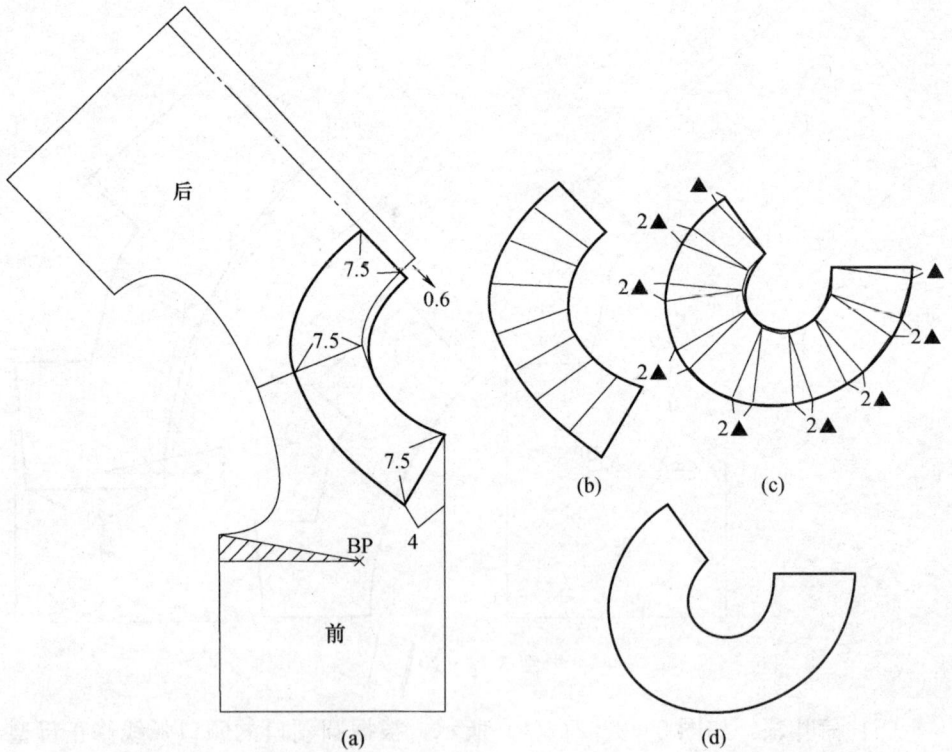

(a)

(b)

(c)

(d)

图 5 - 3 - 22

（6）双层荷叶领：如图 5－3－23（a）所示，根据 V 字领的领口弧线修正母型领口弧线，并加后搭门宽 2cm，如图 5－3－23（b）所示。前、后衣片的肩缝线重叠量为 0，画出双层荷叶领结构［图 5－3－24（a）］。为了增加荷叶的起伏感，移出领片结构图，然后在领片上添加几条辅助线并切展［图5－3－24（b）］，在此基础上，画出最终的双层领片结构图［图 5－3－24（c）、图5－3－24（d）］。

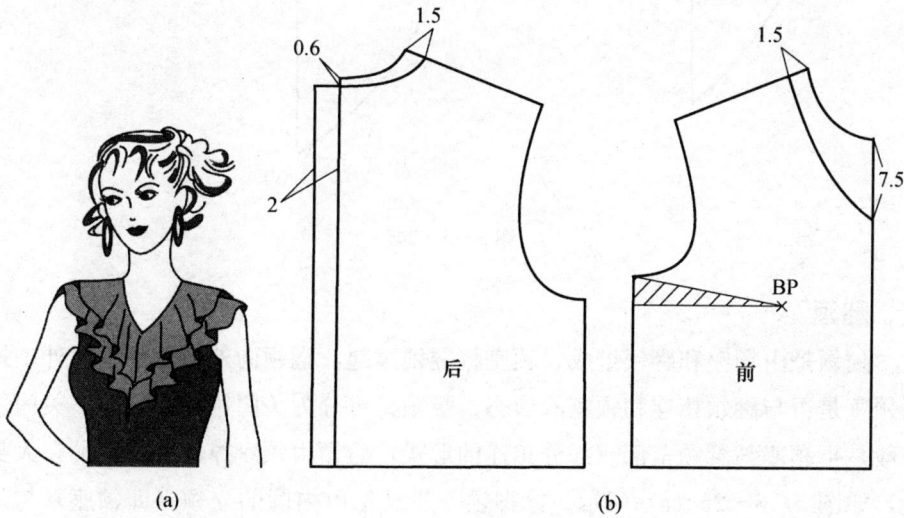

图 5－3－23

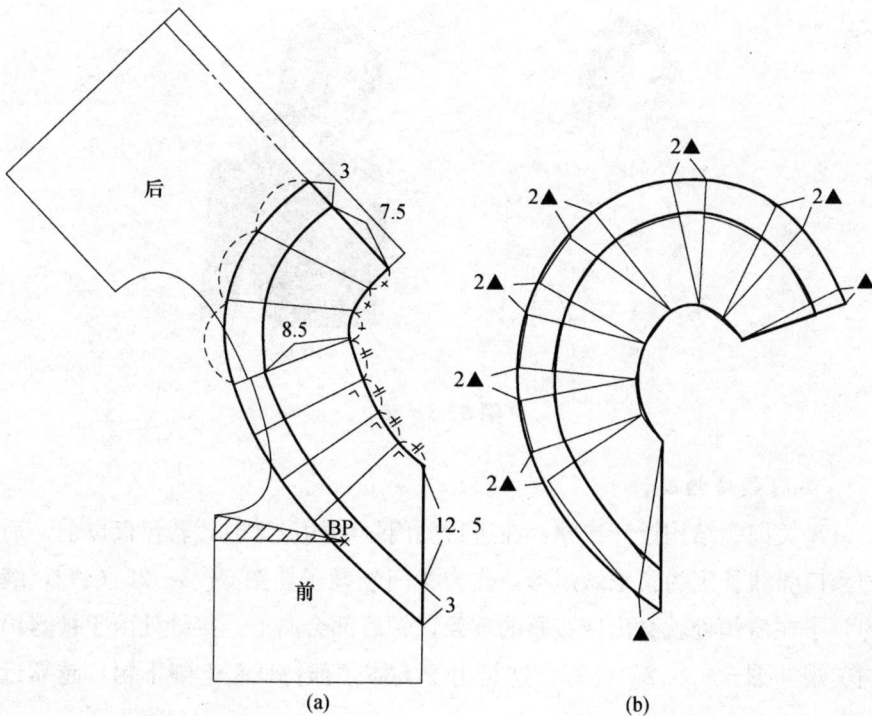

图 5－3－24

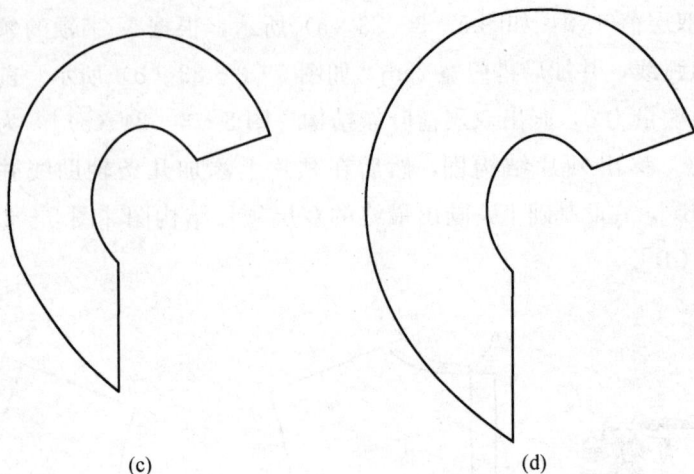

(c)   (d)

图 5 - 3 - 24

三、翻领

翻领是由领座和翻领组成，领座将翻领撑起，翻领向外翻出在领座外。根据领座是否与翻领相连和领座的形态，翻领又可分为关门领和撑脚领。关门领一般是指领座与翻领全部或部分相连的形式，后领由领座撑起，前领翻在大身上，如图 5 - 3 - 25（a）所示。撑脚领一般是指由内圆的立领（即领座）与外圆的翻领联合组成的形式，前、后领都由领座撑起，如图 5 - 3 - 25（b）所示。

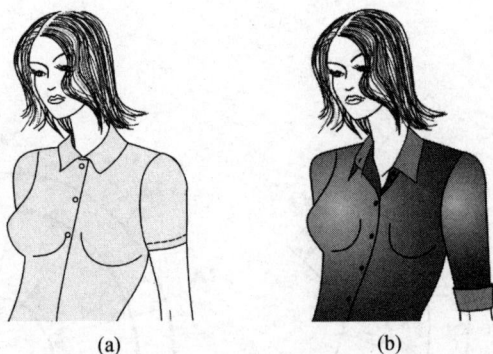

(a)   (b)

图 5 - 3 - 25

1. 关门领结构设计

（1）关门领结构设计步骤：在进行关门领结构设计时，若仅仅以前、后衣片的领口弧线长度为长来做矩形，作为关门领领子 [图 5 - 3 - 26（a）]，缝制后的领子在肩颈处就会出现绷紧的现象，领后部会向上，接缝处由于被露出而影响美观 [图 5 - 3 - 26（b）]，这是由于人体颈部特征是上细下粗，越靠近肩颈处尺寸越大。为了解决这个问题，只有把翻领外口线延长，如图 5-3-26 (c) 所示，从翻领外口方向向领下口方向切展，增加翻领外口弧线长度，此时后领中心抬高 [图 5-3-26 (d)]。

如图 5-3-27 (a) 所示，画两条相互垂直的直线，根据前、后衣片的领口弧线长在水平线上定出领子下口长的位置，根据领子的领座高和翻领宽、后领抬高量在垂直线上定出具体位置。后领抬高量与领子造型有关，一般不小于翻领宽与领座高之间的差值。画出前领宽，根据款式要求画出领型弧线，完成关门领的结构设计，如图 5-3-27 (b) 所示。

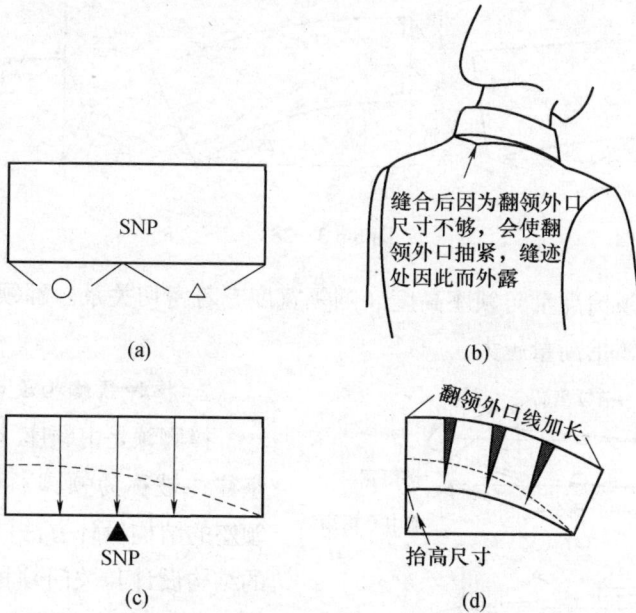

图 5-3-26

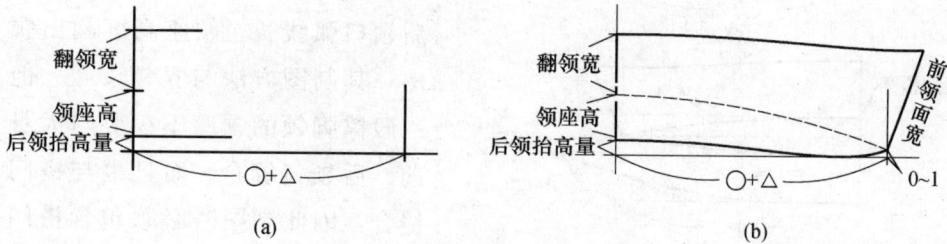

图 5-3-27

（2）后领抬高量与关门领造型的关系：后领抬高量的不同，形成的领型也有所不同。如图 5-3-28 所示，后领抬高量越大，翻领外口弧线越长，领座越低，领子效果越接近坦领。

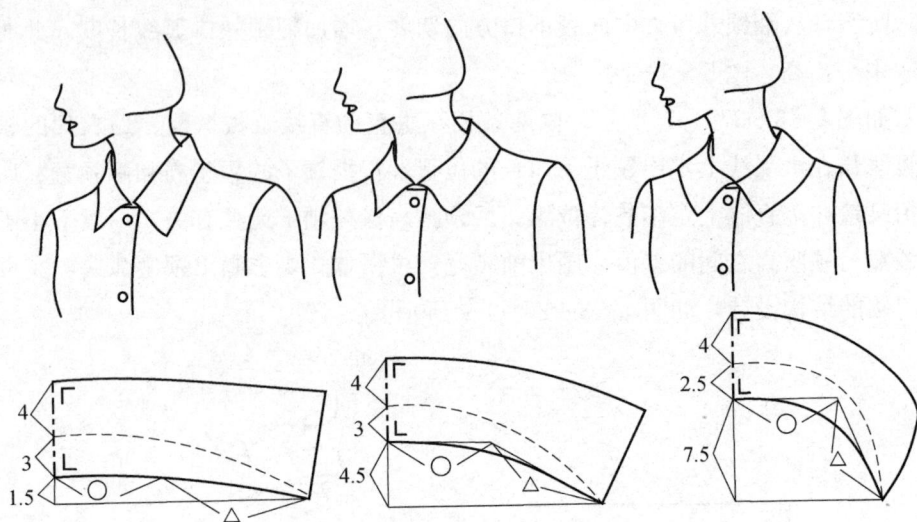

图 5 - 3 - 28

因此，后领抬高量与领座高度、翻领宽度有着密切关系。翻领宽与领座高差值越大，后领抬高量越大。

图 5 - 3 - 29

2. 撑脚领结构设计

撑脚领是由领座（撑脚领的领座往往被称为领脚）和翻领组成。领座的结构设计方法同立领，翻领的结构设计与关门领相似。其具体设计步骤如下：

（1）根据前、后衣片的前、后领口弧线长、领座高度画出领座，其制图方法与立领一致。但一般撑脚领的领座不仅要与大身前、后领口缝合，而且也与搭门缝合，因此制图时必须包含搭门量，如图 5 - 3 - 29（a）所示。

（2）确定翻领后中心抬高量 dc。翻领后中心抬高量大于前领座高 a 点的垂直抬高量（其值等于 cb），如图 5 - 3 - 29（b）所示，一般 $cd \geq cb + 1$，cd 越小，翻领越紧贴领座。

（3）根据款式要求画出翻领领型弧线，完成撑脚领的结构设计，如图5 - 3 - 29（c）所示。

3. 翻领结构变化

（1）方领：按图5-3-30（a）所示，对母型的领口弧线进行修正，并加出搭门宽1.7~2cm，如图5-3-30（b）所示。

量取前、后领口弧线长度△和○，由于翻领宽为4.5cm，领座高为2.5cm，故后领抬高量取2.5cm（＞2cm），如图5-3-31（a）所示，按关门领制图方法及领子款式要求画出领子结构图，如图5-3-31（b）所示。

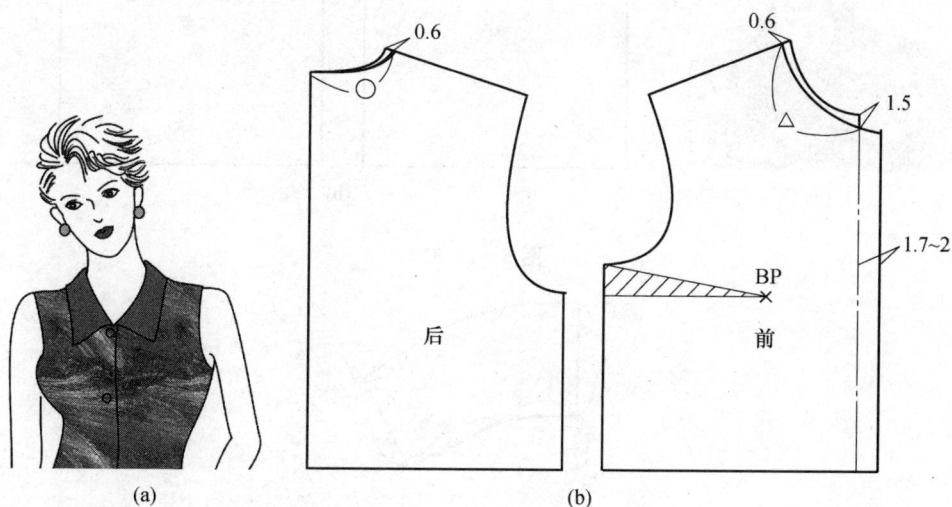

图 5-3-30

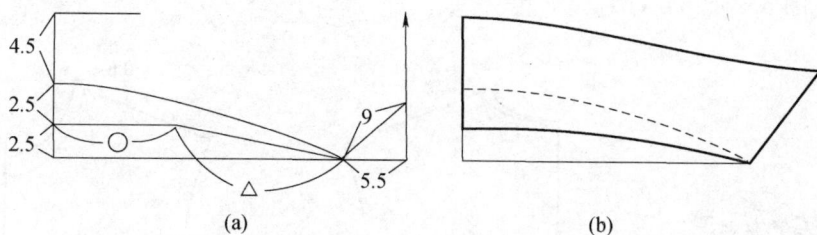

图 5-3-31

（2）卷领：如图5-3-32（a）所示，在母型上对领口弧线进行修正［图5-3-32（b）］。量取前、后领口弧线长度△和○。卷领从外形上看与立领相似，但由于卷领也是领外口向下翻，且松松地翻在颈部周围，故可采用关门领的结构设计方法设计，且后领抬高量取得大些，具体结构设计图如图5-3-33所示。

(a)

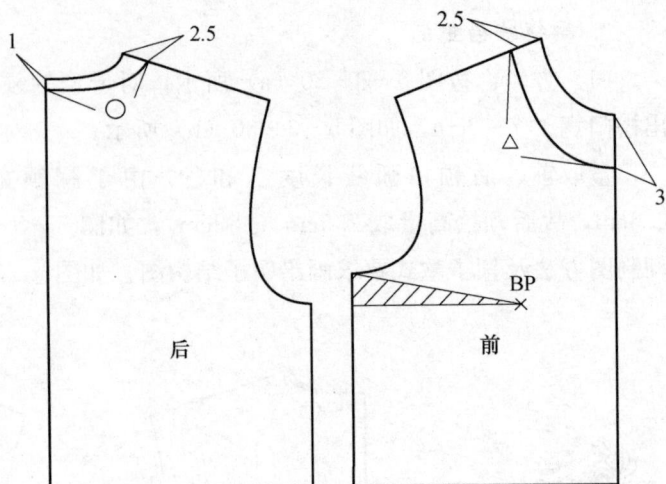

(b)

图 5 - 3 - 32

图 5 - 3 - 33

（3）半开襟翻领：如图 5 - 3 - 34（a）所示，先在母型上对领口弧线进行修正 ［图 5 - 3 - 34（b）］。

(a)

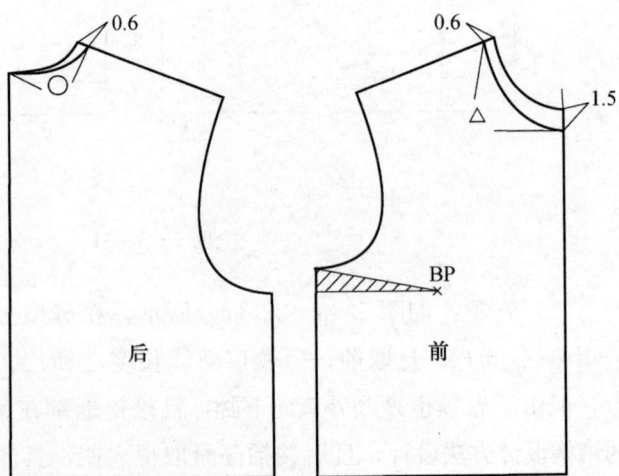

(b)

图 5 - 3 - 34

①门襟样板设计：由于门襟外形结构较简单，行业内往往直接进行样板设计（即毛缝打板），设计步骤为：在修正领口弧线后的母型基础上画出门襟的形状，门襟长★和门襟宽▲是根据款式要求和规格尺寸而定的［图 5-3-35（a）］，将门襟形状沿 ab 线对称展开［图 5-3-35（b）］，并按图 5-3-35（c）所示加放缝份，图 5-3-35（d）即为门襟的样板。

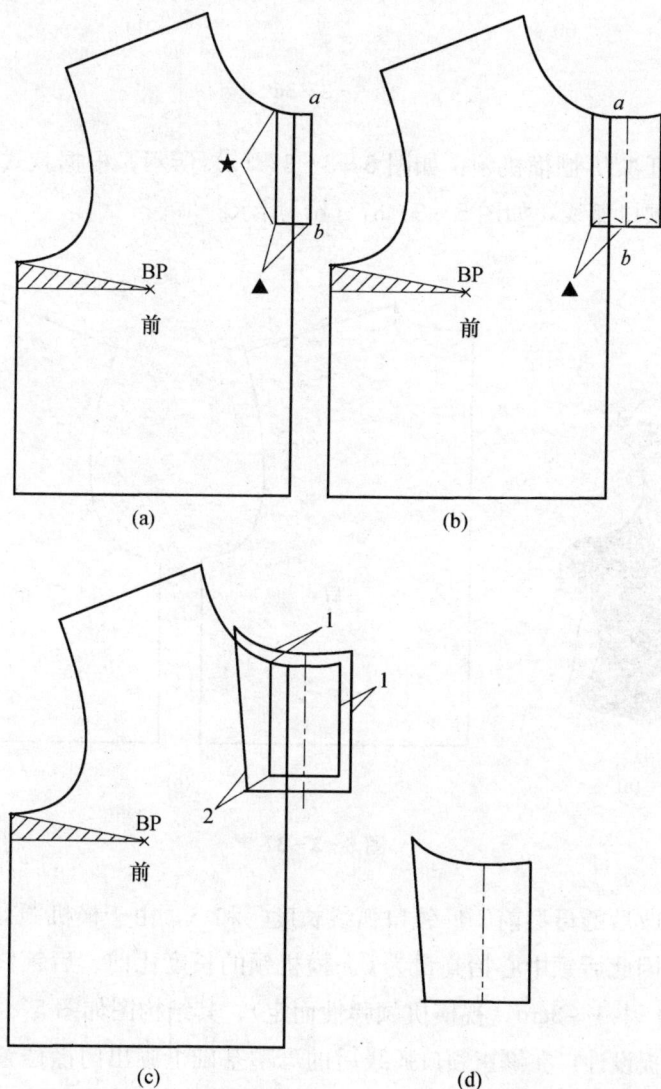

图 5-3-35

②领子结构设计：测量修改后的母型领口弧线长度○和△，按撑脚领的方法设计此款领子结构，其中领座高为 3cm，领座前中心抬高 1cm［图 5-3-36（a）］，后翻领宽为 5.5cm，翻领后中线抬高量取 2.5cm，如图

5－3－36（b）所示。

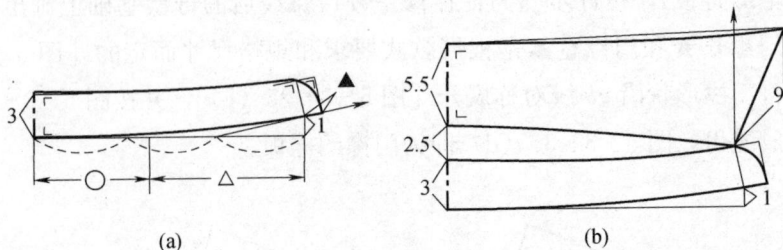

(a)   (b)

图 5－3－36

（4）半开襟 T 恤横机领：如图 5－3－37（a）所示，根据款式要求修正母型的前、后领口弧线，如图 5－3－37（b）所示。

后   前

(a)   (b)

图 5－3－37

测量修改后的母型前、后领口弧线长度○和△，由于横机领有一定的弹性和延伸性，因此后领中心抬高量为 0。横机领的长度比前、后领口弧线长度之和（1/2 领）小 1～3cm（视横机领弹性而定），其结构图如图 5－3－38 所示。

门襟样板设计：在修正领口弧线后的母型基础上画出门襟位置 ab，门襟长★和门襟宽▲根据款式要求和规格尺寸而定 ［图 5－3－39（a）］，以前中心线为对称轴，画出 ab 的对称线 $a'b'$［图 5－3－39（b）］，以 $abb'a'$ 为基型，按图 5－3－39（c）、图 5－3－39（d）加放缝份，即可得到门襟和里襟的样板。注意：

领宽

0.5～1

○＋△－（1～3）

图 5－3－38

缝制时里襟与大身衣片缝合只有 0.5cm 的缝份。

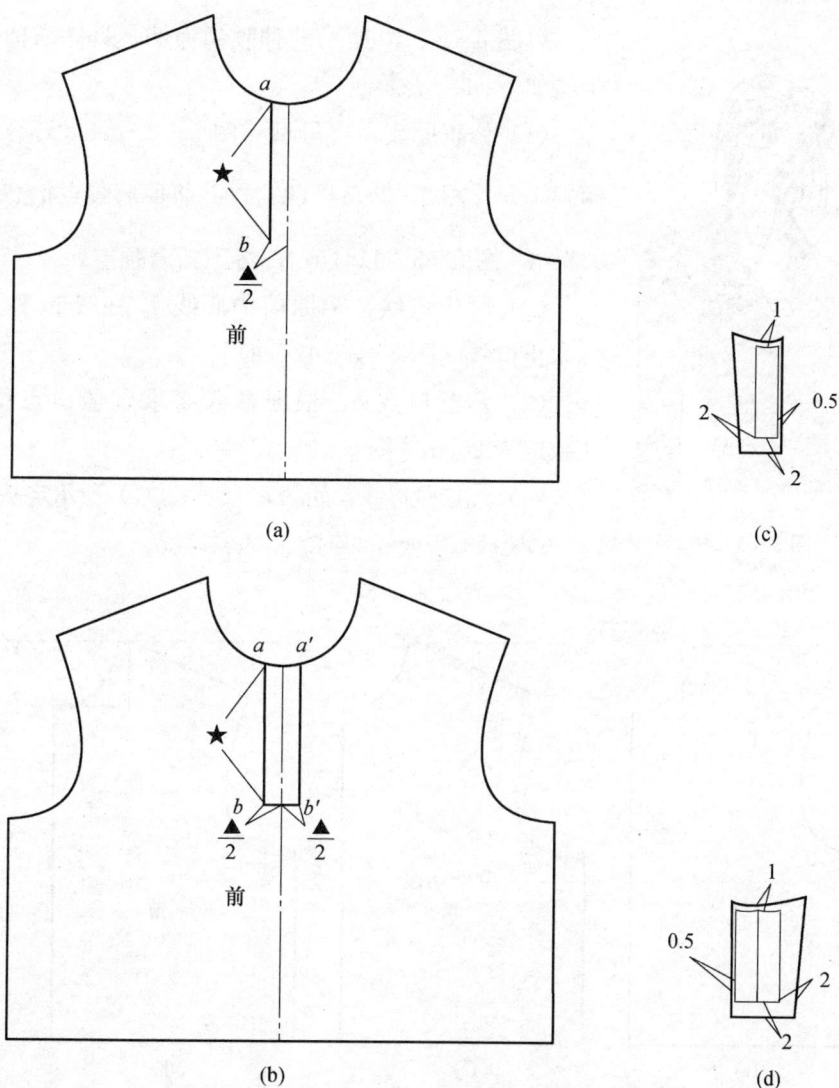

(a)

(c)

(b)

(d)

图 5 - 3 - 39

四、翻驳领

翻驳领就是平时所说的西装领、开门领或驳领。针织服装通常采用这种领型较少，但近年来，随着休闲风格的日渐流行，翻驳领款式在针织休闲西服上也有体现。

影响针织服装的翻驳领的结构设计关键因素有翻领差（翻领宽减去领座高）、领座宽度、驳口点高低、肩斜度、面料厚薄等。

在运用母型进行翻驳领结构设计时，首先要把母型上部向肩端点方向移动一定量，俗称撇胸（撇门）。一般来说，衬衣取 1cm，外套取 1.5cm，大衣取 1.5～2cm。

以图 5-3-40 所示的翻驳领为例，具体结构制图步骤如下：

(1) 修正原型：将母型 [图 5-3-41 (a)] 向外倾斜 1cm [图 5-3-41 (b)]，并将原肩颈点抬高 $\frac{N}{5}$ - 0.7cm [图 5-3-41 (c)]，得到新肩颈点 a。

(2) 画止口线：距原前中心线 1.7～2cm 作平行线为止口线 [图 5-3-42 (a)]。

(3) 定驳口点 b：根据款式要求定驳口点位置，此款定为 20cm [图 5-3-42 (b)]。

(4) 连接驳口线：如图 5-3-42 (c) 所示定基点 c，ac＝领座高－0.4cm，连接 bc 为驳口线。

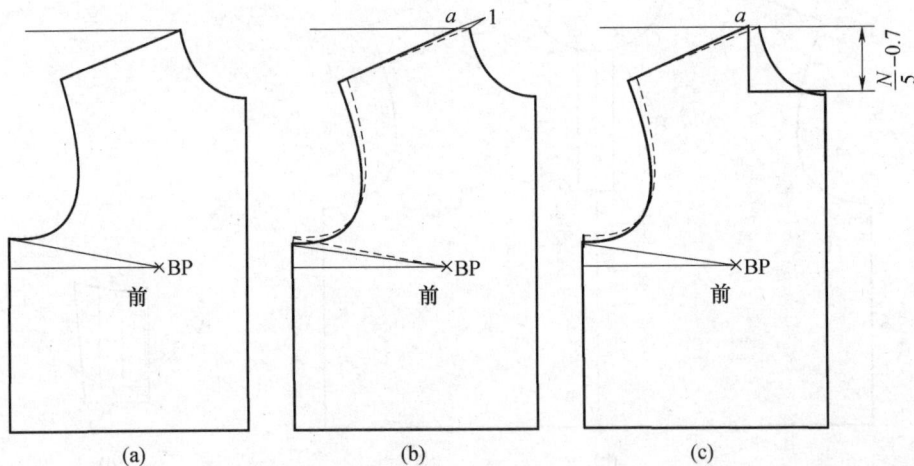

图 5-3-40

(a)   (b)   (c)

图 5-3-41

(5) 连接串口线：如图 5-3-43 (a) 所示，将前直开领 ad 三等分，在 $\frac{1}{3}$ 处定出 f 点；连接 ef 为串口线 [图 5-3-43 (b)]。

(6) 画领口线：过 a 点作驳口线的平行线，与串口线相交于 g 点 [图 5-3-43 (c)]。

(7) 定驳头宽：如图 5-3-44 (a) 所示，作驳口线 cb 的垂线与串口线相交于 h 点，$h'h$＝驳头宽。

(8) 连接领口与驳头线：用弧线连接 bh，则 $agehb$ 为衣身上的领口及驳头线

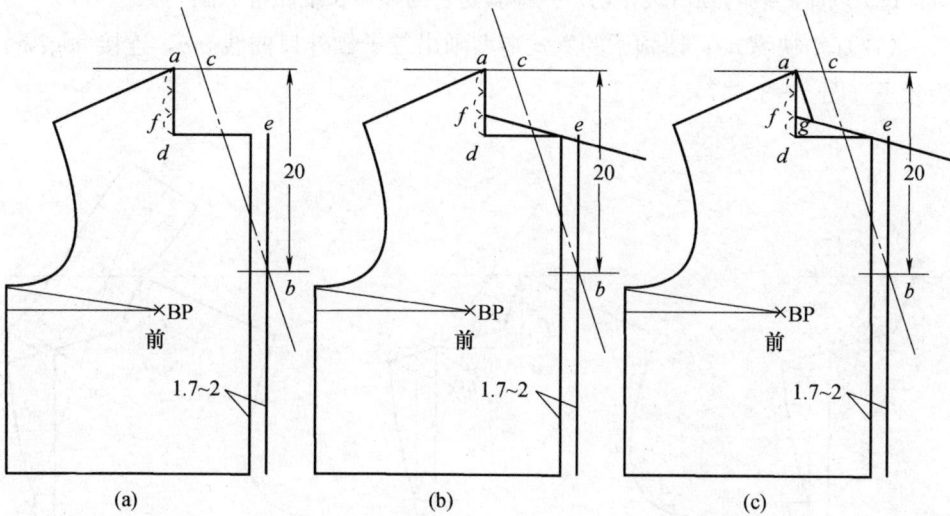

图 5 - 3 - 42

图 5 - 3 - 43

［图 5 - 3 - 44（b）］。

（9）定翻领松度：翻领松度＝$\dfrac{翻领宽}{2}$，并满足以下三个要求，如图 5 - 3 - 45

所示：ij＝翻领松度，i、j、e 在一直线上，ij 垂直于 cj。

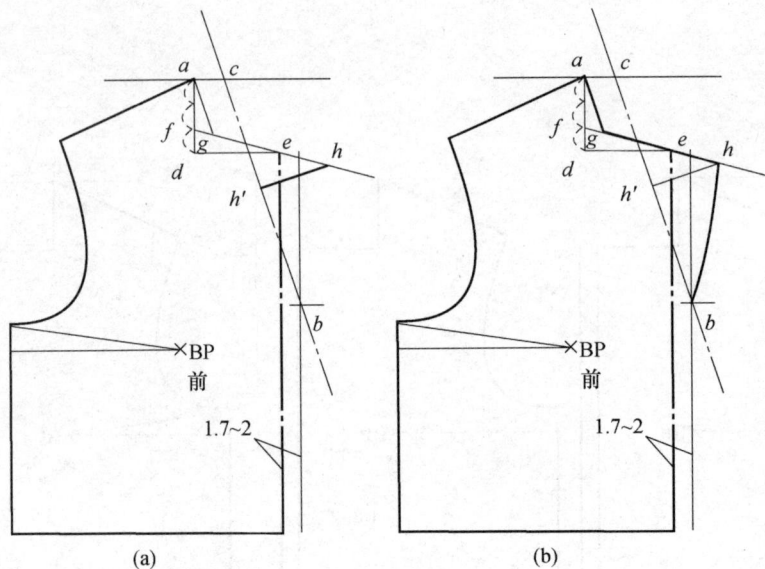

图 5-3-44

(10) 延长 jc，在延长线上取 $ck=\dfrac{B}{10}$（图 5-3-46）。

(11) 定领座高和翻领宽：过 k 点作 ke 的垂线，并取 $lk=$ 领座高，$km=$ 翻领宽，过 l 点作曲线与领口线相切，并检验是否与领口长度相等（图 5-3-47）。

(12) 作缺嘴 no：按领子的款式造型画出领子领外口曲线 mn，连接 $nogl\,km$ 为领子（图 5-3-47）。

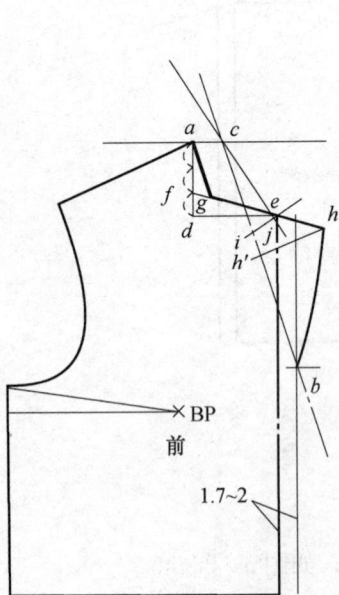

图 5-3-45

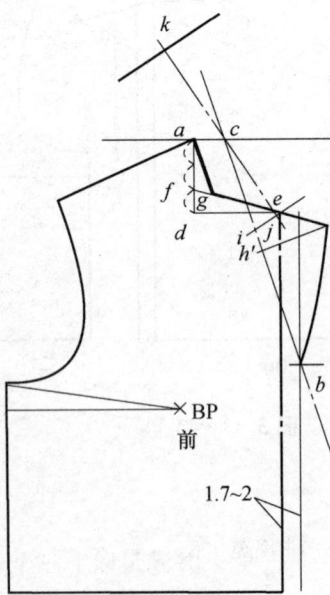

图 5-3-46

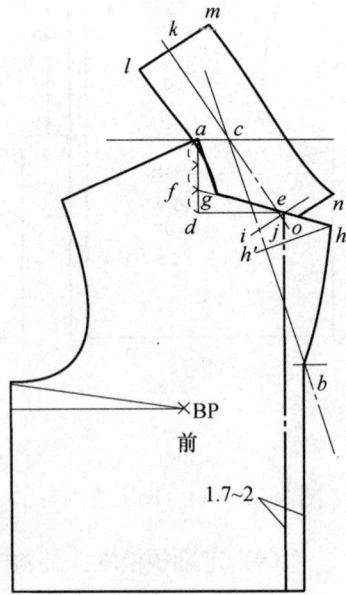

图 5-3-47

复习与作业

　　试根据题图5－1、题图5－2、题图5－3、题图5－4所示的领型画出相应
的领片结构图。

题图5－1

题图5－2

题图5－3

题图5－4

针织服装衣袖结构

> **课程名称：**针织服装衣袖结构
>
> **课程内容：**1. 衣袖分类
>
> 2. 圆装袖结构设计
>
> 3. 连袖结构设计
>
> **上课时数：**10 课时
>
> **教学提示：**阐述各类袖型的结构设计原理，引导学生能根据效
> 果图进行各类袖型的结构设计。
>
> 布置本章作业，并保留在课堂上提问和交流的时间。
>
> **教学要求：**1. 掌握圆装袖结构及其变化袖款的结构设计方法。
>
> 2. 掌握两片袖的结构设计方法。
>
> 3. 掌握连袖及插肩袖的结构设计方法。

第六章　针织服装衣袖结构

　　袖子除了要形态美观外，还必须具有在活动时的机能性，这在针织服装结构设计中具有很重要的作用。

第一节　衣袖分类

　　衣袖的款式繁多，分类方法也有多种，可按有无袖山、袖子长度、袖子造型、袖片结构等进行分类。本章根据袖子与衣身结合的方式，将衣袖分为圆装袖和连袖两种。

一、圆装袖

　　圆装袖是由衣身部分的袖窿和与之相对应的袖子两部分组成，衣袖的装袖缝线基本在身体躯干与手臂连接的关节处（即臂根线处），这种形式在衣袖中最常见，袖山形状接近圆形，并与袖窿缝合，组成衣袖。结合针织服装的穿着层次、袖片数量、袖子风格，又可将圆装袖分为一片袖和两片袖。

　　1. 一片袖

　　一片袖结构按服装风格可分为宽松、合体、紧身等形式，主要以针织时装（图6-1-1）及内穿的针织服装（图6-1-2）为主。

　　2. 两片袖

　　两片袖主要以合体袖为主，适合于合体型针织外衣（图6-1-3）。

二、连袖

　　连袖有连身袖和插肩袖两种，主要适合于宽松型和较合体型的针织服装。

　　1. 连身袖

　　连身袖是指大身与袖子连成一体的衣袖款式（图6-1-4）。

　　2. 插肩袖

　　插肩袖是指袖子与衣身肩部相连接而形成的衣袖款式（图6-1-5）。

图 6-1-1

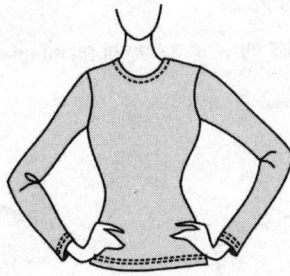

图 6-1-2

图 6-1-3

图 6-1-4

图 6-1-5

第二节　圆装袖结构设计

一、圆装袖结构线名称

圆装袖的主要结构线和辅助线如图 6-2-1 所示。

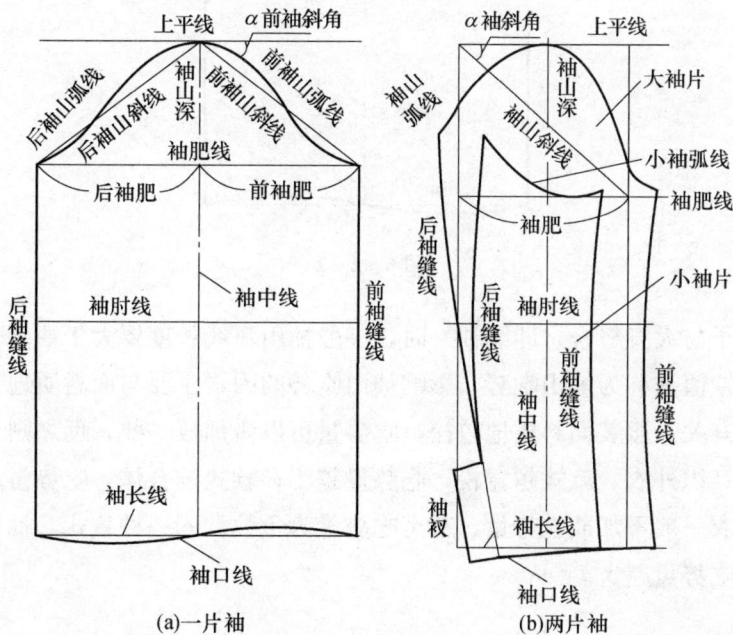

(a)一片袖　　　　(b)两片袖

图 6-2-1

二、袖山弧线与袖窿弧线的关系

圆装袖是由袖子的袖山弧线 $\overset{\frown}{abc}$ 与大身的前袖窿弧线 FAH 和后袖窿弧线 BAH 缝合而成，如图 6-2-2 所示。

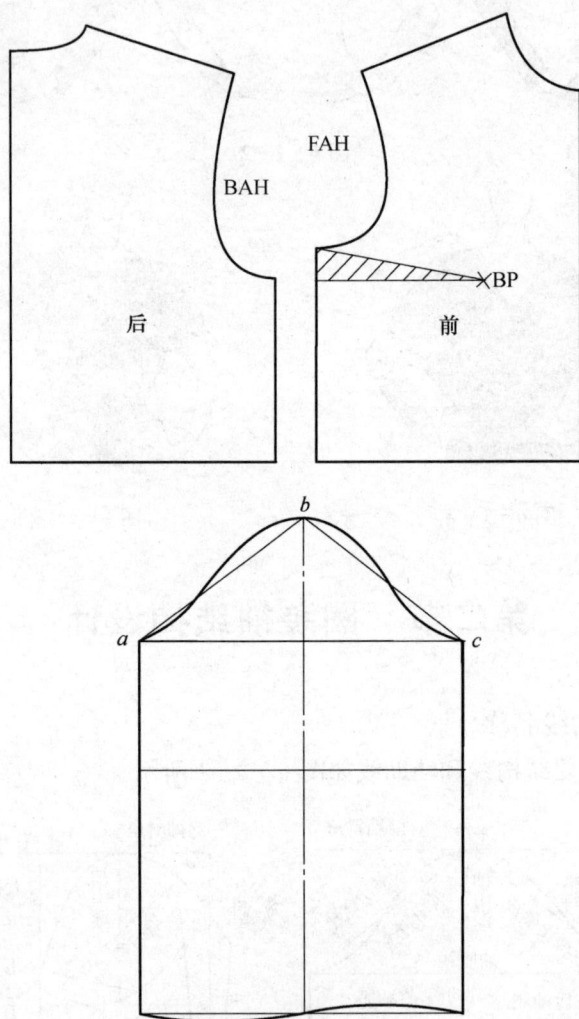

图 6-2-2

在袖子与大身缝合（即缩袖）时，一般袖山弧线长度要大于袖窿弧线，两者之间的差值被称为袖山吃势。影响袖山吃势的因素主要与面料质地、款式和袖窿周长有关。服装面料质地较松，吃势量可以多加放一些，反之则少加放一些。对于针织外衣，款式越宽松，吃势量越小；款式越合体，吃势量越大。对于针织内衣一般不加放吃势量，甚至吃势量为负数。同一种款式，袖窿弧线周长越长，吃势量越大。

一般情况下，吃势量大小参考值为：针织衬衣类为 2~2.5cm，针织合体外套类为 2.5~3.5cm，针织合体大衣类为 3.5~4.5cm，针织内衣类（即紧身型和贴体型）及休闲宽松类为－1~1cm。

三、袖山深、袖肥和袖斜角对服装造型的影响

从图 6-2-3 可知，袖肥、袖山深、袖山斜线和袖斜角存在以下关系：

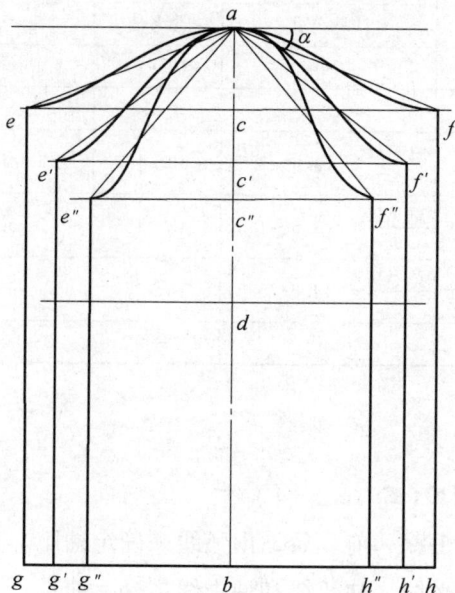

图 6-2-3

$$袖肥＝袖山斜线长×\cos\alpha$$

$$袖山深＝袖山斜线长×\sin\alpha$$

$$\tan\alpha＝\frac{袖山深}{袖肥}$$

一般来说，服装的衣片袖窿弧线确定后，袖山弧线的长度应该是一个定值，从而可以确定袖山斜线的长度。因此，只要确定袖肥、袖山深和袖斜角 α 中的任意一个参数，就能确定其他两个参数。

当袖斜角减小时，袖山深减小，袖肥增大，袖缝线长度就自然会增大，袖子外观宽松、肥大；当手垂放时，会在腋下产生褶皱，影响美观；其优点是运动方便，穿着舒适。当袖斜角增大时，袖山深增加，袖肥减小，袖缝线长度就自然会减小，袖子成形后外观给人感觉是袖片紧包住手臂，较合体；当手垂放时，袖子腋下无褶皱；造型好，但运动不方便，特别是在抬手时尤为困难（图6-2-3）。

因此，运动服、工作服、休闲服等宽松型服装，袖斜角和袖山深应选择小一些；相反，合体紧身型服装，袖斜角和袖山深则应选择大一些。

一般情况下，袖山深、袖肥及袖斜角大小与针织服装造型风格参考值见下表。

袖山深、袖肥及袖斜角参考值   单位：cm

袖子造型风格		袖山深		袖斜角（°）	袖肥
		计算公式	参考值		
紧身型	弹性紧身型	—	12～16	—	挂肩一（3～5）
	贴体型	—	8～12	—	挂肩一（1～3）
合体型	衬衣类	$\frac{总AH}{4}+(2.5\sim3.5)$	10～13	21～45	—
	外套类	$\frac{总AH}{4}+(3.5\sim4.5)$	13～15	35～50	—
	大衣类	$\frac{总AH}{4}+(4.5\sim5.5)$	15～17	35～50	—
宽松型		—	0～10	0～20	挂肩一（1～3）

四、圆装袖母型

1. 一片袖母型制图（图6-2-4）

一片袖一般由袖山深和前、后袖山弧线来确定袖肥。具体步骤如下：

（1）如图画出上平线、袖长线和袖中线：$ab=$袖长。

（2）画出袖肥线：根据针织服装风格按上表确定袖山深ac。

（3）画出袖肘线：$ad=\frac{袖长}{2}+2.5\text{cm}$。

（4）确定前、后袖肥：过袖中线顶点a分别作$ae=$FAH，$af=$BAH$+(0\sim0.5)$，ec和fc即为前、后袖肥。

（5）作前、后袖缝线：过e点、f点分别作ab的平行线，与袖长线相交于g点、h点。

（6）画前、后袖山弧线：如图以ae的中点向下1cm作为前袖山弧线的交点，以af的下$\frac{1}{3}$处为后袖山弧线的交点，画出袖山弧线。袖山弧线的凹凸程度与针织服装合体程度有关，服装越合体，凹凸量越大。

（7）画出袖口弧线：按图6-2-4所示画出袖口弧线。

2. 针织内衣行业一片袖母型制图

由于目前国内内衣企业在针织内衣成品规格中对挂肩尺寸有要求，而且紧身型（贴体型）和部分宽松型针织服装（如薄绒衫、运动休闲装等）在袖子与大身接缝处的造型往往比较平坦，即袖子的缩缝量接近0甚至是负数，并且运用面料的弹性和延伸性，前、后袖片可采用相同结构（有利于批量生产）。因此，上述的一片袖母型结合挂肩规格可以简化为图6－2－5所示，与第四章的图4－2－3的衣身匹配。具体制图步骤如下：

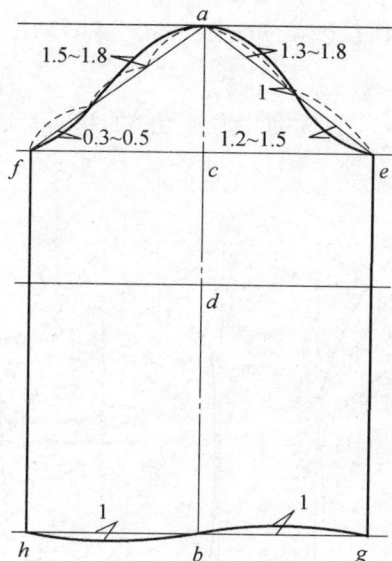

图6－2－4

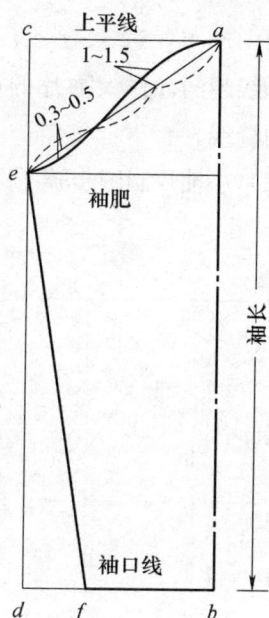

图6－2－5

（1）以袖长为长、袖肥为宽，画长方形 abdc，袖肥可根据针织服装风格按上页表确定。

（2）取袖山深：过袖中线顶点 a 以挂肩规格为袖斜线长与 cd 线相交于 e 点，ce 即为袖山深。

（3）以 ae 的下 $\frac{1}{3}$ 处为后袖山弧线的交点，如图6－2－5所示画出袖山弧线。袖山弧线的凹凸程度与针织服装紧身贴体程度有关，服装越宽松，凹凸量越小。

（4）画出袖口宽 bf 和袖缝线 ef。

3. 两片袖母型制图

（1）大袖片制图步骤 ［图6－2－6（a）、图6－2－6（b）］：如图画出上平线、袖长线、袖中线，ab＝袖长。画出袖肥线，定出袖肥大 ce，方法一是根据针织服装风格，按上页表取袖山深 ac，作袖斜线长 $ae=\dfrac{总AH}{2}$；方法二是根据针织服装风格，按上页表取袖斜角 α，作袖斜线长 $ae=\dfrac{总AH}{2}$。如图画出袖肘线，$ad=\dfrac{袖长}{2}+2.5$。过 e 点作 ab 的平行线 hg，并将 ac、he 五等分。将 ah 二等分，并向右移 $0.3\sim1$cm 得 i 点，过 i 点作 ab 的平行线为袖中心线。取 ac 线上离上平线的二等分点为 j 点，取 he 离袖肥线的一等分或 1.5 等分点为 k 点，连接 ij 和 ik。取 $ll'=\dfrac{al}{4}$，l' 点为后袖山凸点；取 $mm'=\dfrac{hm}{3}\sim\dfrac{hm}{4}$，$m'$ 点为前袖山凸点，过 j、l'、i、m'、k 点作出大袖片的袖山弧线。袖子越合体，袖山弧线越凸。作大袖片的袖口宽 $b'g$，连接 $b'c$，按图 6-2-6（b）画出大袖片的袖缝线。

（2）小袖片制图步骤［图 6-2-6（c）］：以大袖片为参照线的基础上制图。

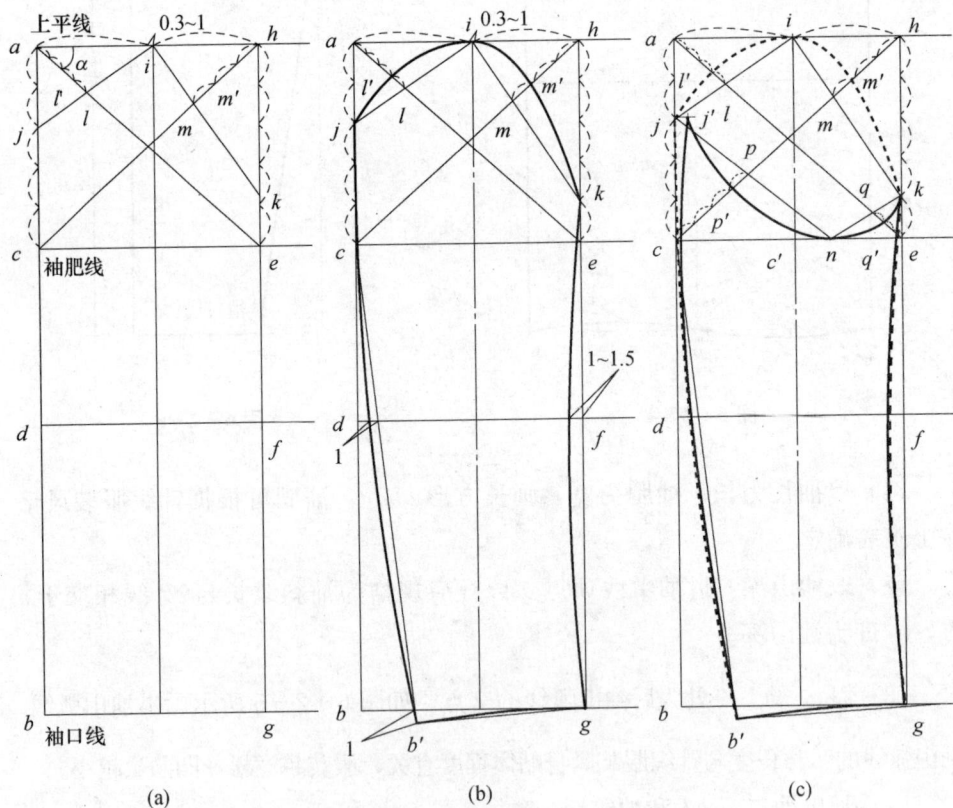

图 6-2-6

取 $c'n=\dfrac{c'e}{3}$，连接 jn、nk，jn 与 ch 相交于 p 点，nk 与 ae 相交于 q 点。取 $pp'=\dfrac{pc}{4}$，p' 点为后袖山凹点，取 $qq'=\dfrac{qe}{3}\sim\dfrac{qe}{4}$，$q'$ 点为前袖山凹点，取 $jj'=0\sim1$cm，弧线连接 $j'p'n\,q'k$，为袖小片的袖山弧线。袖子越合体，袖山弧线越凹，

jj'取值越大。按图6-2-6（c）所示画出小袖片的袖缝线。

五、圆装袖与袖窿弧线间缩缝量校核

（1）按款式校核缩缝量是否合适，如差异很大，需重新调节袖斜线长度。

（2）校核前后吃势分布是否符合要求，如有小差异可适当调整袖中心i点的位置（图6-2-6）。

六、圆装袖结构变化

1. 泡泡袖

泡泡袖肩部有较多褶裥，袖口处也有褶裥，效果图如图6-2-7所示。

（1）以袖子母型为基础制图，如图6-2-8所示画图，袖长＝袖长－袖克夫宽，并以袖山深为基准，连接ac、cf和ce。

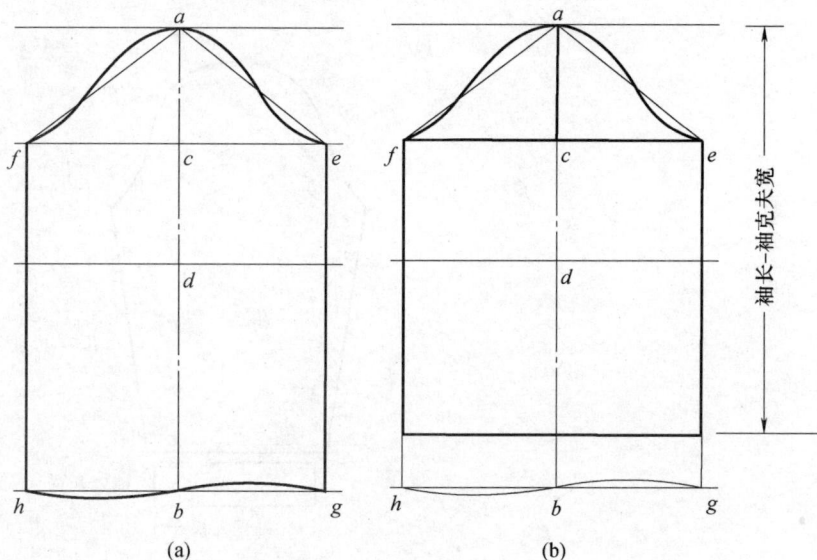

图6-2-7　　　　　　　　　　　　图6-2-8

（2）剪开ac，从c点开始分别剪开cf、ce线（注意不要剪到e、f两点），以f点、e点为圆心，分别向外转动acf和ace，加放的量④即为泡泡袖的抽褶量，④的大小根据泡泡袖的隆起程度决定；袖口围＝袖克夫长＋（2～4）cm，如图6-2-9（a）所示。

（3）如图6-2-9（b）所示将袖山部分进行修正，并画顺袖山上端弧线，完成泡泡袖结构图，如图6-2-9（c）所示。

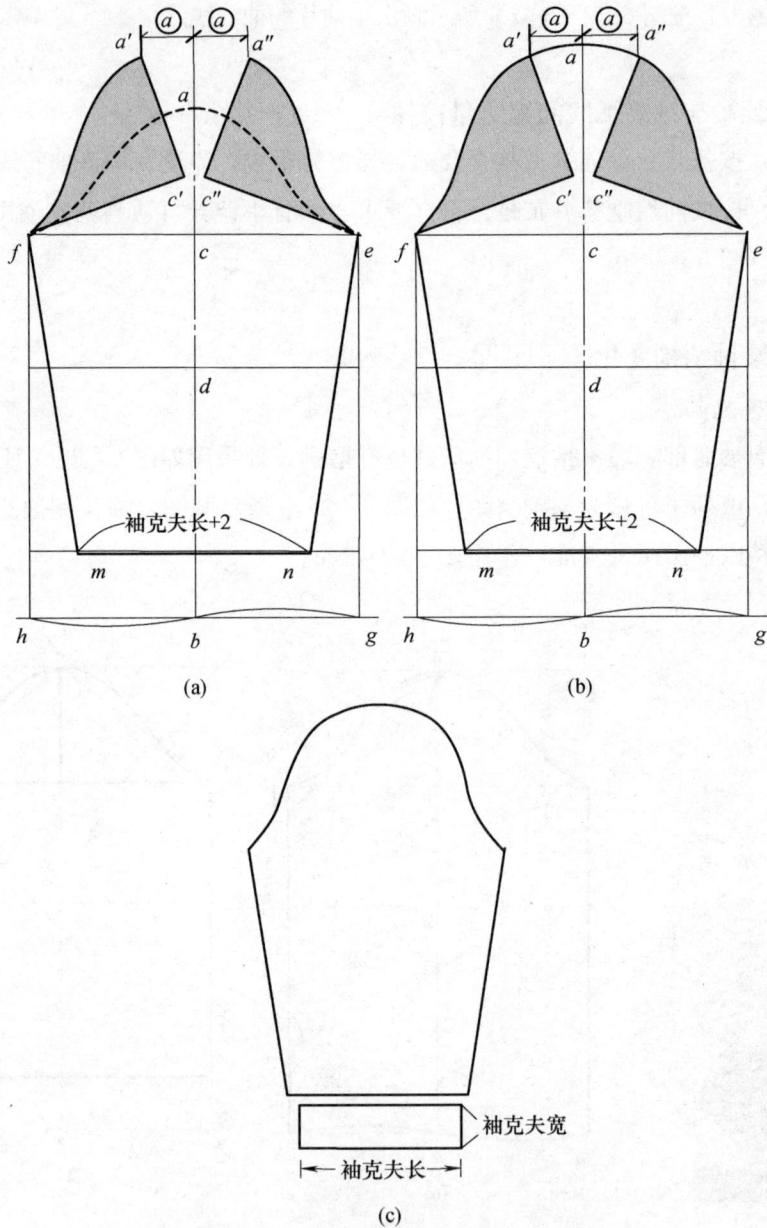

(a)

(b)

(c)

图 6-2-9

2. 灯笼袖

灯笼袖肩部无褶裥，袖口有大量细褶，效果图如图 6-2-10 所示。

（1）如图 6-2-11 所示，以袖子母型为基础来制图，袖长＝袖长－袖克夫宽，并连接 oc、cf 和 ce。

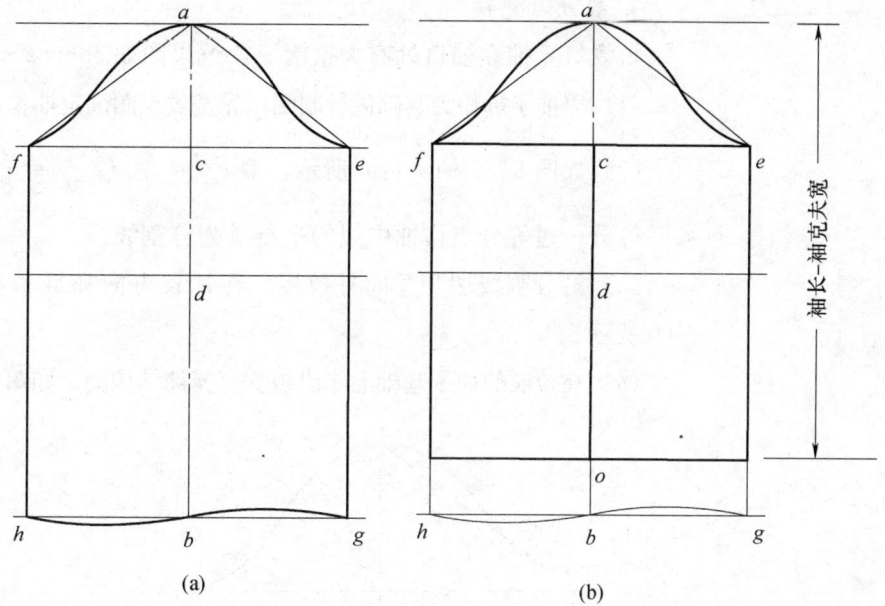

图 6 - 2 - 10   图 6 - 2 - 11

（2）剪开 oc，从 c 点开始，分别剪开 cf、ce 线，以 f、e 点为圆心，将 o 点分别转动到 o′ 和 o″ 点位置，加放的量ⓑ即为灯笼袖的抽裥松量，ⓑ的大小由灯笼袖的程度决定，如图 6 - 2 - 12（a）所示。

（3）将袖口部分进行修正，并画顺袖口部分，如图 6 - 2 - 12（b）所示，完成灯笼袖结构图，如图 6 - 2 - 12（c）所示。

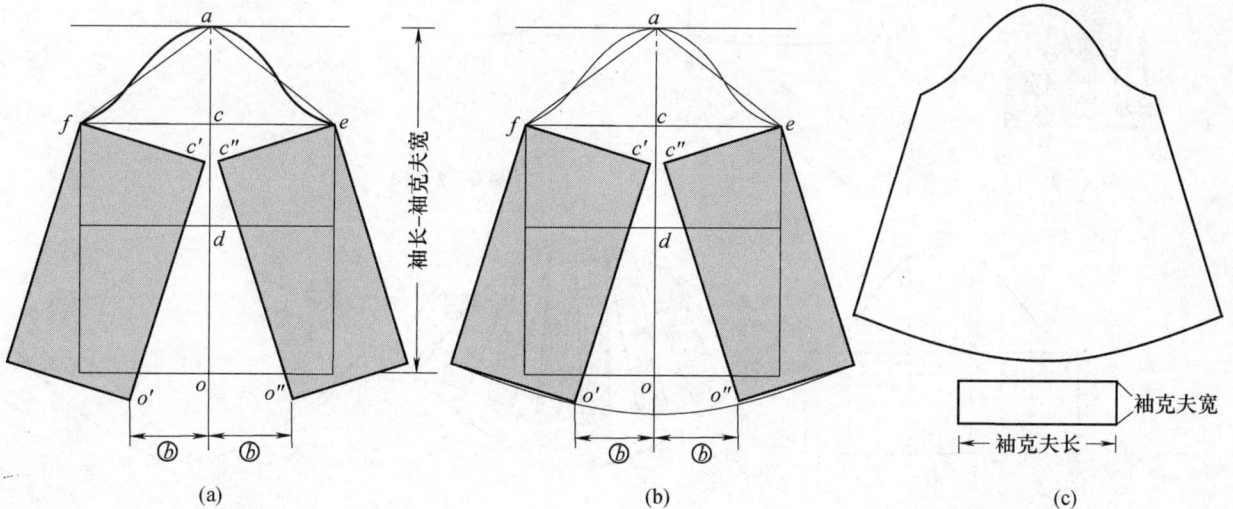

图 6 - 2 - 12

3. 短款灯笼袖

短款灯笼袖在袖口处有大量褶皱，效果图如图 6-2-13 所示。

（1）以袖子母型为基础进行制图，先按效果图确定袖长，如图 6-2-14 所示。

（2）如图 6-2-15（a）所示，取 $cf' = \frac{2}{3}cf$，$ce' = \frac{2}{3}ce$，并将 cf' 和 ce' 再各三等分，过等分点作袖中线的平行线为分割线。

（3）沿分割线切开并向外拉展，在袖长方向补足 6.5cm，如图 6-2-15（b）所示。

（4）在拉展的袖子基础上作出短款灯笼袖结构图，如图 6-2-15（c）所示。

图 6-2-13

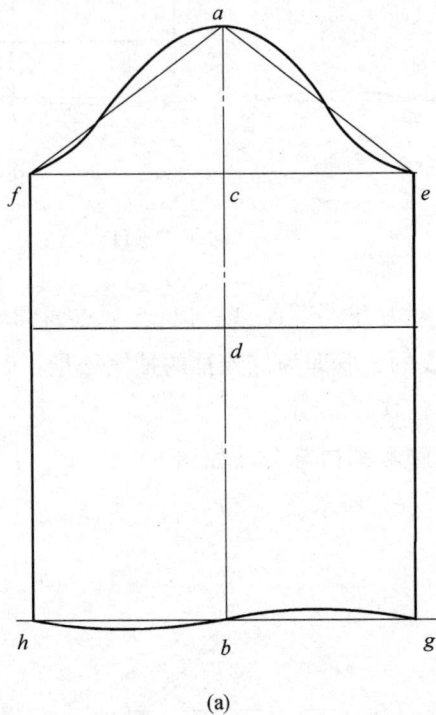

(a)

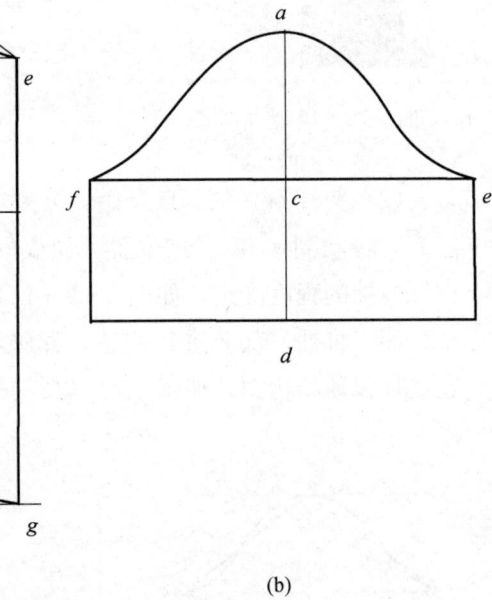

(b)

图 6-2-14

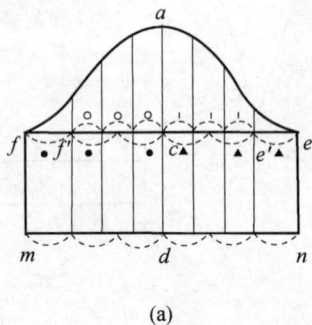

(a)

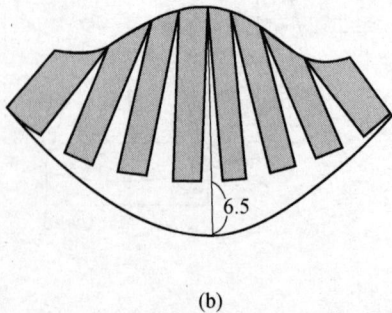

(b)

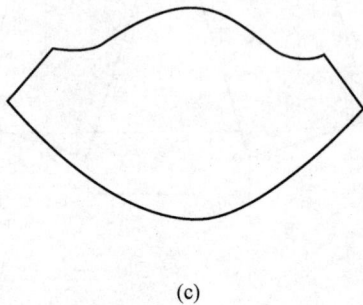

(c)

图 6-2-15

4. 中长款泡泡袖

中长款泡泡袖在袖山部位有大量褶裥，袖口较小，造型好像羊腿，效果图如图 6-2-16 所示。

（1）根据袖子效果图，如图 6-2-17 所示，在袖子母型上作出中长款泡泡袖的袖长，并修正袖口尺寸，作出泡泡袖部分的交界线 mn。

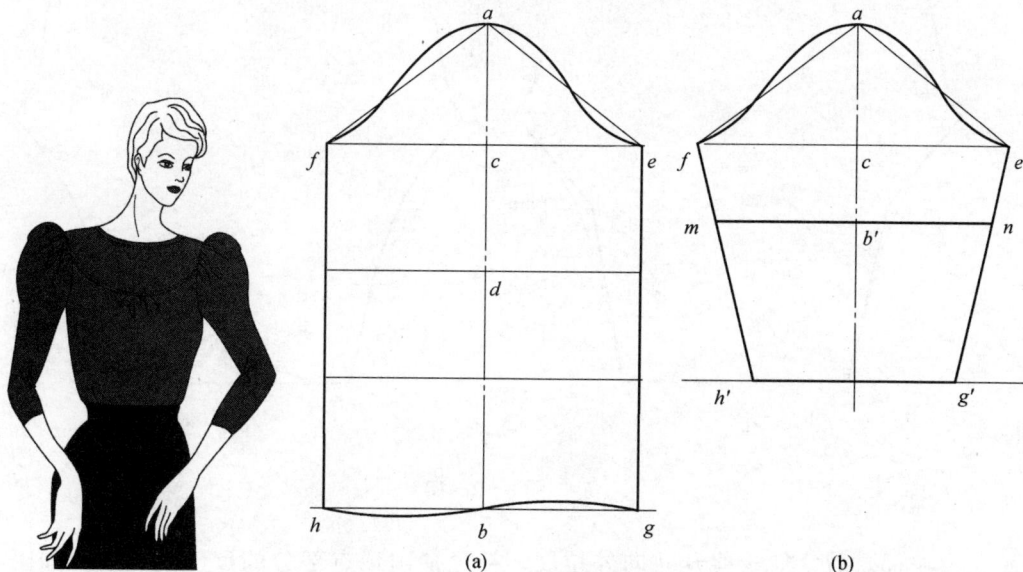

图 6-2-16

图 6-2-17

（2）如图 6-2-18（a）所示，取 $cf' = \dfrac{2}{3}cf$，$ce' = \dfrac{2}{3}ce$，并将 cf' 和 ce' 再各三等分，过等分点作袖中线的平行线为分割线。

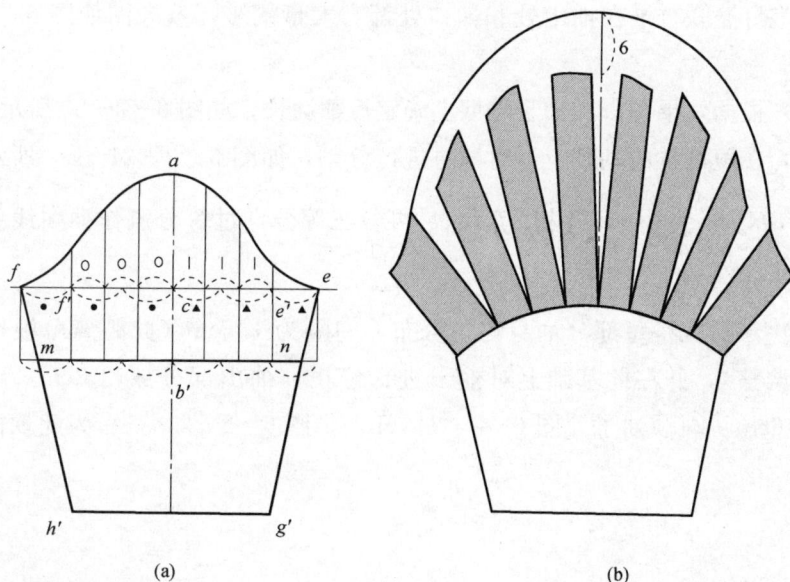

图 6-2-18

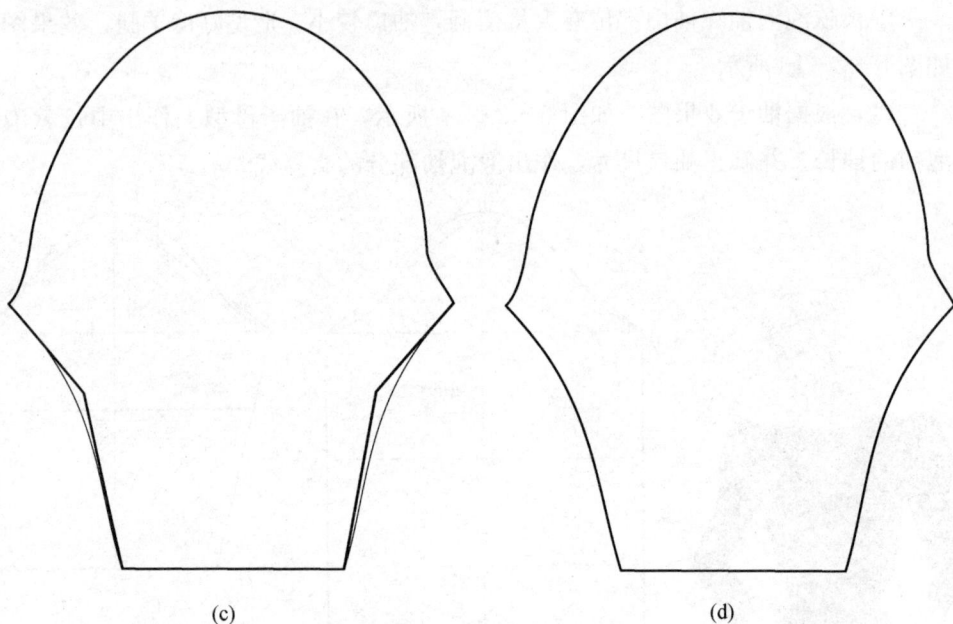

(c)   (d)

图 6 - 2 - 18

（3）沿分割线剪开并向外拉展，补足袖山顶点部分的尺寸到 6cm，如图 6 - 2 - 18（b）所示。将泡泡袖部分与袖子的下半部分合并，然后修正至圆顺，如图 6 - 2 - 18（c）所示。最后作出中长款泡泡袖结构图，如图 6 - 2 - 18（d）所示。

5. 泡泡灯笼联合袖

泡泡灯笼联合袖在袖山处和袖口处都有大量褶皱，效果图如图 6 - 2 - 19 所示。

（1）根据效果图，在袖子母型上确定短袖袖长，如图 6 - 2 - 20 所示。

（2）在短袖款的基础上，对袖身进行分割，如图 6 - 2 - 21（a）所示，取 $cf'=\dfrac{2}{3}cf$，$ce'=\dfrac{2}{3}ce$，并将 cf' 和 ce' 再各三等分，过等分点作袖中线的平行线为分割线。

（3）分割后将每部分袖身均匀分布，间隔为 1.5cm（此距离可根据效果图进行调整），并在此基础上对袖子进行修正，袖山部分放出 3cm，袖口部分放出 6cm，画顺袖子 [图 6 - 2 - 21（b）]，图 6 - 2 - 21（c）为此款袖子结构图。

图 6 - 2 - 19

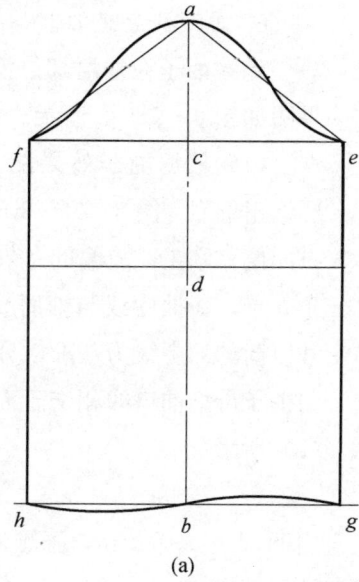

(a)

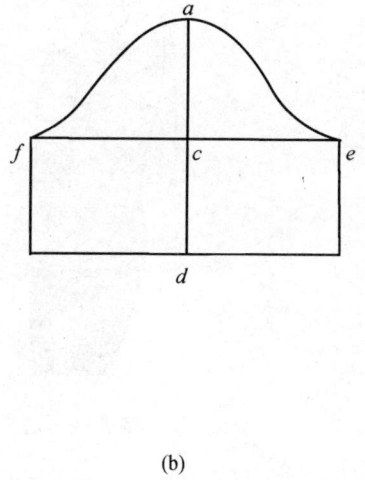

(b)

图 6 - 2 - 20

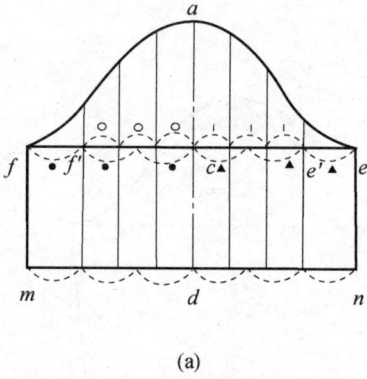

(a)

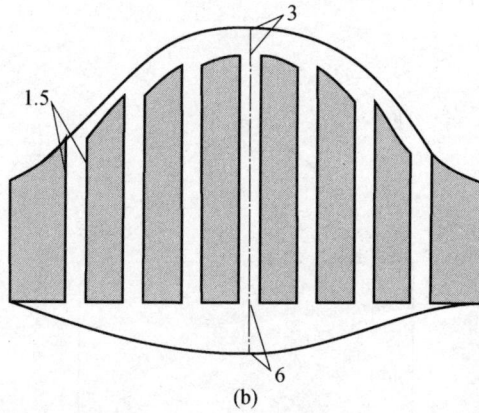

(b)

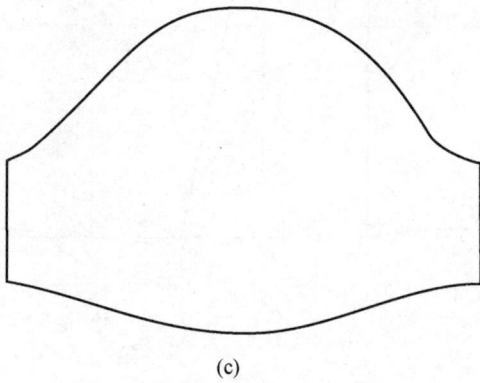

(c)

图 6 - 2 - 21

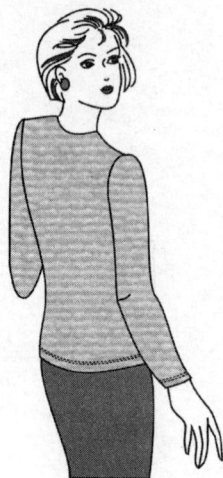

6. 圆袖袖身变化 I

此款袖子在袖肘部位没有袖肘省，袖型合体，效果图如图 6 - 2 - 22 所示。

（1）根据袖子效果图，为了获得较合体的袖款，要修正母型 [图 6 - 2 - 23 (a)]，首先将袖中线向前袖方向偏移修正，前偏量为 2cm，与袖子母型袖口线相交于 b' 点，新袖中线与袖肘线相交于 d' 点，并按袖口尺寸以新的袖中线为基准，分别向左和向右作出袖口宽，与袖子母型袖口线相交于 h' 点和 g' 点，如图 6 - 2 - 23 (b) 所示。

（2）连接 fh'、eg'，并分别向外凸（fh'）和向内凹（eg'）0.6cm，画顺弧线 fh' 和 eg'，弧线 fh' 与袖肘线相交于 m 点。取 md' 的中点作袖肘省 mnm'，其大小为 1cm，如图 6 - 2 - 23 (c) 所示。图 6 - 2 - 23 (d) 为最终的袖子结构图。

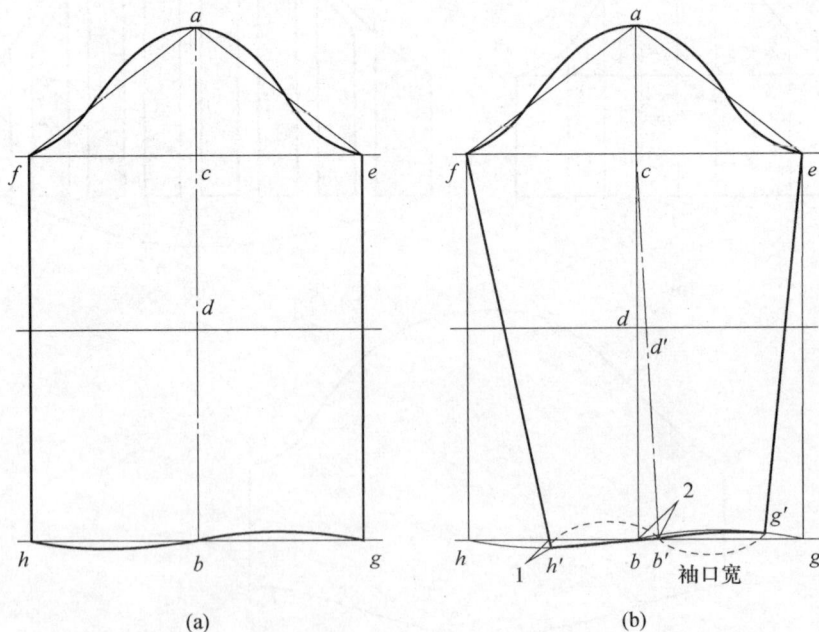

图 6 - 2 - 22

(a)

(b)

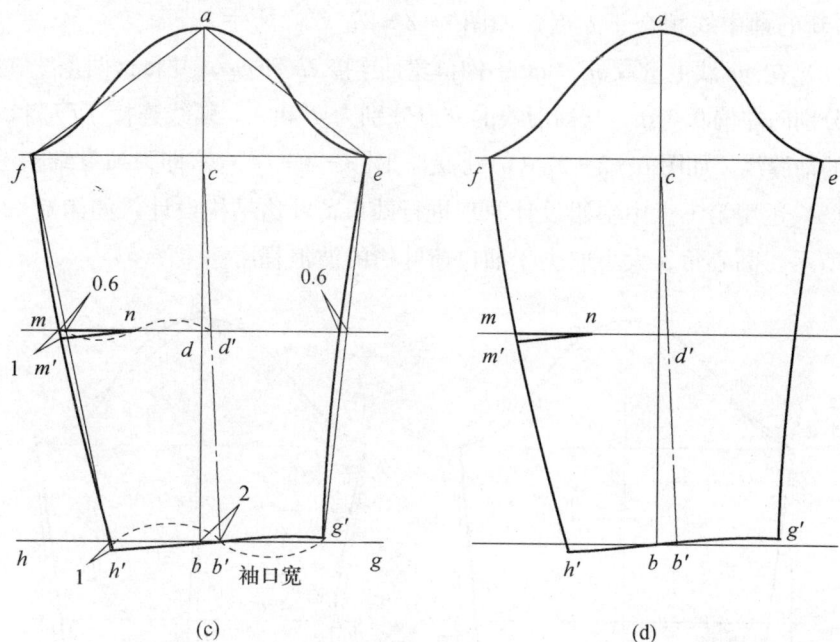

(c)　　　　　　　　　　　　(d)

图 6 - 2 - 23

7. 圆袖袖身变化 II

此款袖型属于合体袖，在袖口处设有一个省道，效果图如图 6 - 2 - 24 所示。

（1）根据效果图，对圆装袖母型进行修正，将袖口线画直，将袖中线向前袖方向偏移修正，前偏量为 2cm，与袖肘线相交于 d' 点，与袖口线 hg 交于 b' 点；以袖口宽为基准，从 b' 点开始，分别向左、向右各量取袖口宽＋3 和袖口宽，得到 h' 和 g' 点，如图 6 - 2 - 25 （a）所示。

（2）所得的两条新袖缝线 fh' 和 eg' 分别向内凹进 0.6cm，后袖缝线与袖肘线相交于 m' 点，如图 6 - 2 - 25 （b）所示。取 $m'd'$ 的中点 n 点，取 $h'b'$ 的中点 h''，连接 nh''，从 n 点向下 5cm 找出 n' 点，袖口省大为 3cm，如图 6 - 2 - 25 （c）所示，画出具体的省位图。图 6 - 2 - 25 （d）为完成的袖子结构图。

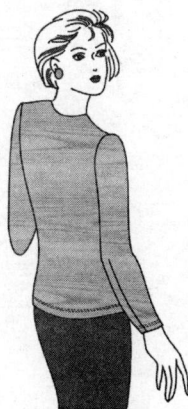

图 6 - 2 - 24

8. 圆袖袖口变化 I

此款袖口采用荷叶边，袖身比较合体，款式效果图如图 6 - 2 - 26 所示。

（1）根据效果图，对圆装袖母型进行修正，袖中线修正方法同圆袖袖身变化 I。袖口荷叶边宽 $mh=11cm$ （也可以根据具体要求确定），作 $mn//hg$，

147

mn 与新的袖中线相交于 q 点，如图 6-2-27（a）所示。

（2）在 mn 线上量取 $qg'=qh'=$ 袖口宽，连接 fh' 和 eg'，并将这两条线在袖肘线处分别向左偏 0.6cm，与袖肘线的交点分别为 f' 和 e'，弧线连接 $ff'h'$ 和 $ee'g'$ 为新的袖缝线，如图 6-2-27（b）所示。图 6-2-27（c）即为袖身结构图。

（3）运用第三章中斜裙设计原理进行袖口荷叶边结构设计，如图 6-2-27（d）所示，圆心角 α 大小取决于袖口荷叶边的波浪程度。

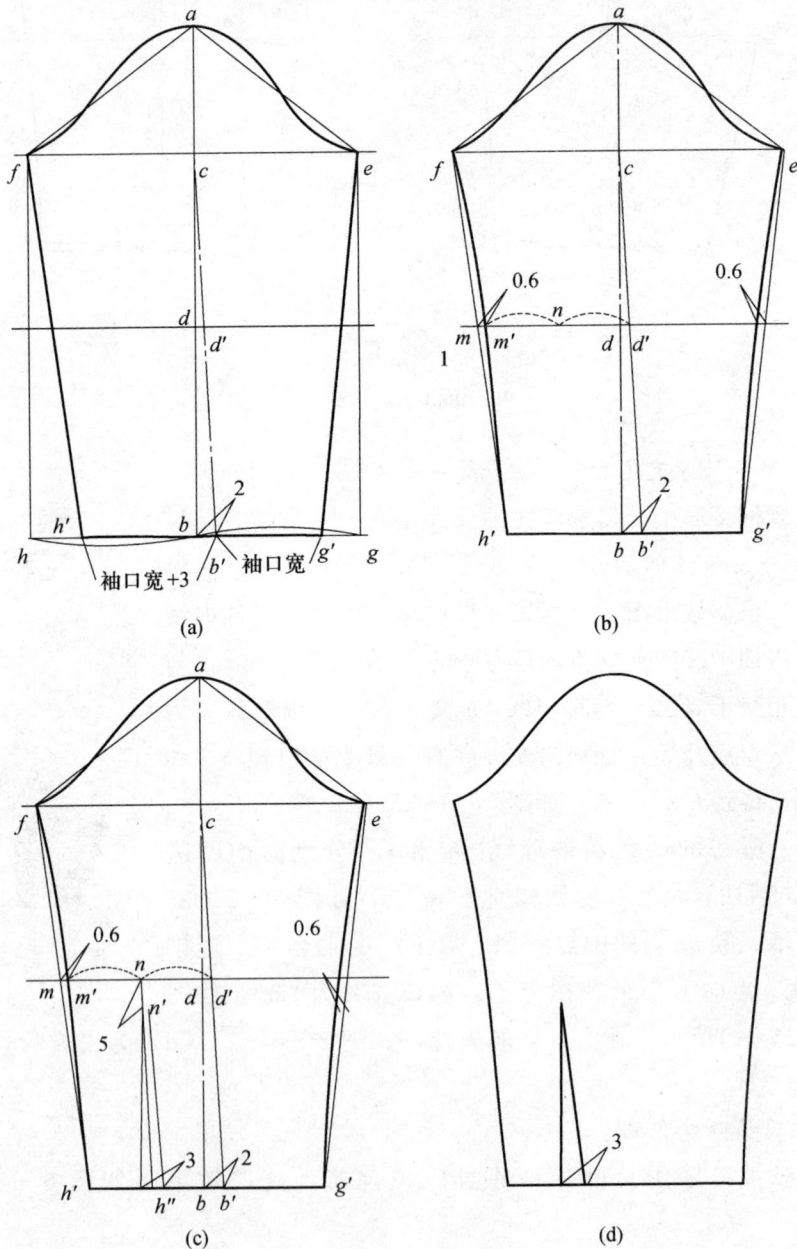

图 6-2-25

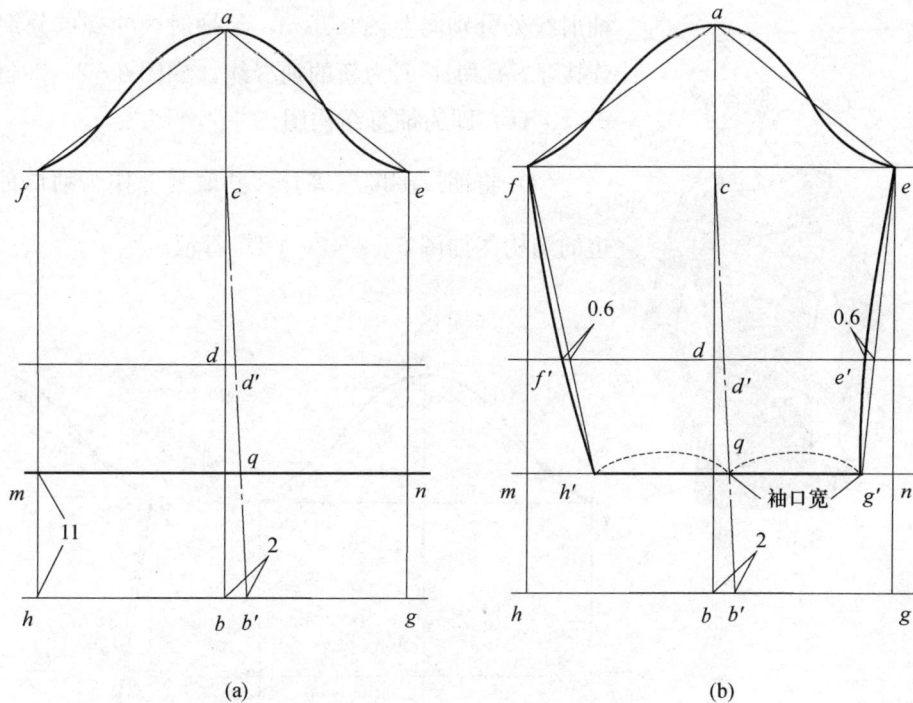

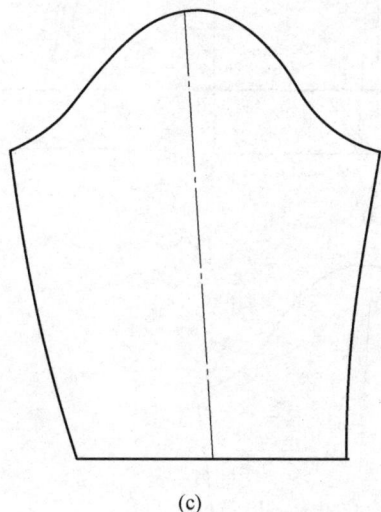

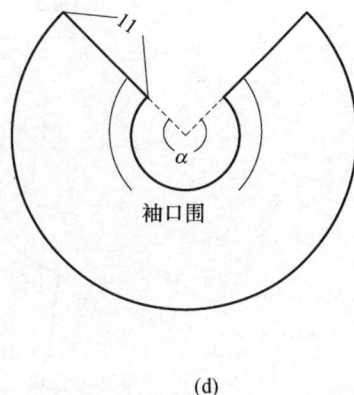

(a)

(b)

(c)

(d)

图 6 - 2 - 26　　　　　　　　　　　　　　图 6 - 2 - 27

9. 圆袖袖口变化 II

此款袖口有装饰边，袖身较合体，效果图如图6-2-28所示。

（1）根据效果图，对圆袖母型进行修正，袖中线修正方法同圆袖袖身变化 I 。袖口装饰边宽度＝6.5cm（也可以根据具体要求确定），作 $mn//hg$，mn 与新的袖中线相交于 q 点，如图 6 - 2 - 29（a）所示。

（2）在 mn 线上量取 $qg'=qh'=$ 袖口宽，连接 fh' 和 eg'，并将这两条线在

袖肘线处分别向左偏 0.6cm，与袖肘线的交点分别为 f' 和 e'，弧线连接 $ff'h'$ 和 $ee'g'$ 为新的袖缝线，如图 6-2-29（b）所示。图 6-2-29（c）即为袖身结构图。

（3）将袖口围度三等分，并取其 $\dfrac{2}{3}$ 作为袖口抽褶量，袖口装饰边的结构图如图 6-2-29（d）所示。

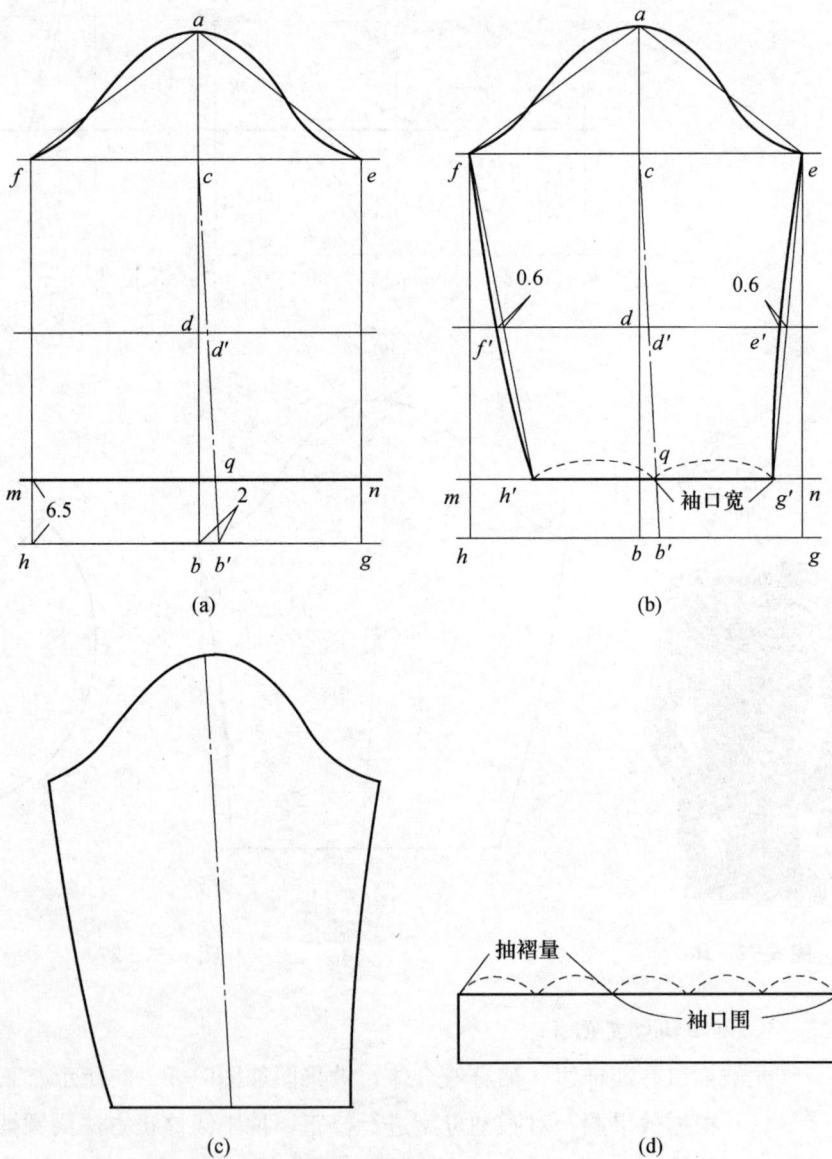

图 6-2-28

(a)

(b)

(c)

(d)

图 6-2-29

10. 花瓣袖

花瓣袖在袖山有 6 个活褶，袖身部分重叠，效果图如图 6-2-30 所示。

（1）根据效果图，在圆袖母型［图 6-2-31（a）］基础上，作出袖长为 22cm 的短袖，袖口围为 hg（分别从圆袖母型的袖肥处向内移动 2cm），如图 6-2-31（b）所示。

（2）采用切展法，从袖山顶点 a 开始，沿 ac 剪开，到 c 点后分别向左、向右剪至 f 点、e 点。将 a 点剪开后分别拉展到 a' 和 a'' 点，$aa'=aa''=6$cm，拉展所增加的量在袖中线两侧分别打 3 个活褶，每个为 2cm，如图 6-2-31（c）所示。

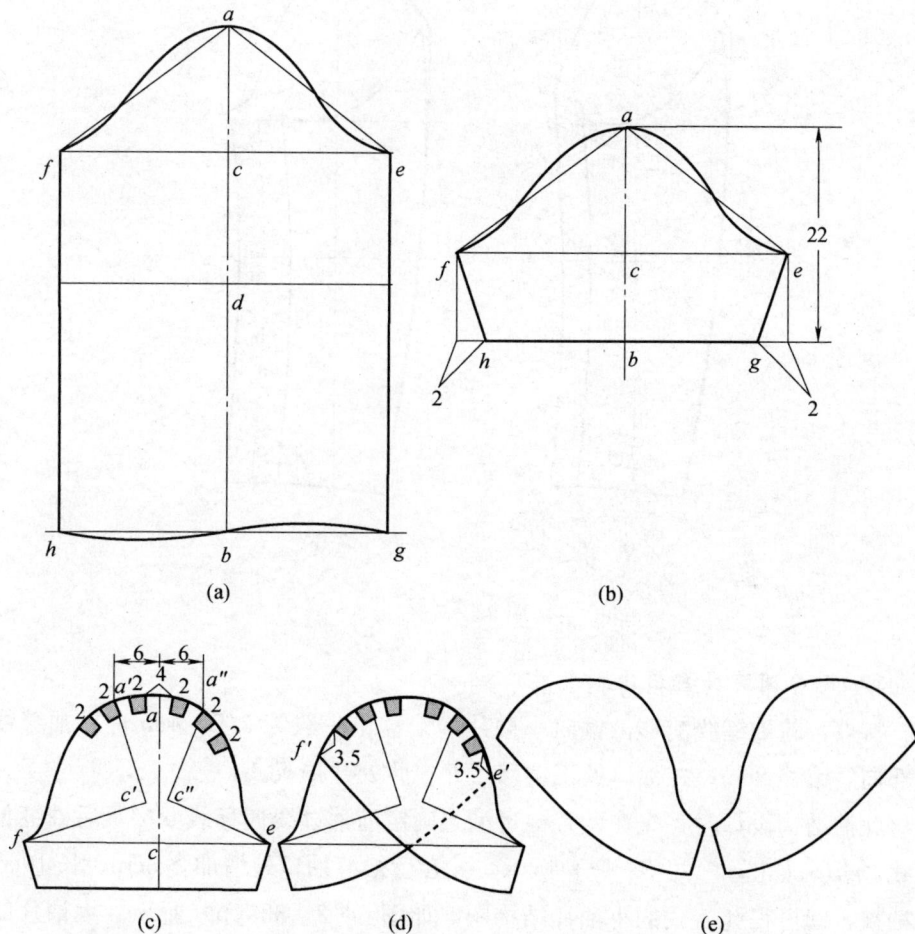

图 6-2-30

图 6-2-31

151

（3）根据效果图，如图6-2-31（d）所示，分别作分割线，离袖中线最远的活褶距离为3.5cm处作e'、f'点。

（4）完成新袖子结构设计，如图6-2-31（e）所示。

11. 两片圆装袖运用Ⅰ

特点：前袖缝线前移，偏向小袖片，偏移量一般为2.5～4cm，后袖缝不偏移。

此袖结构设计时，先在两片袖母型上确定前袖缝线偏移线$b'c'$，如图6-2-32（a）所示，即可得此款式的小袖片结构图，如图6-2-32（b）所示。将小袖片母型上b'、d'、c'以ac线为轴对称展开，得到b'、d'、c'的对称点b''、d''、c''，用弧线连接b''、d''、c''，如图6-2-32（b）所示修图，即可得到大袖片结构图。

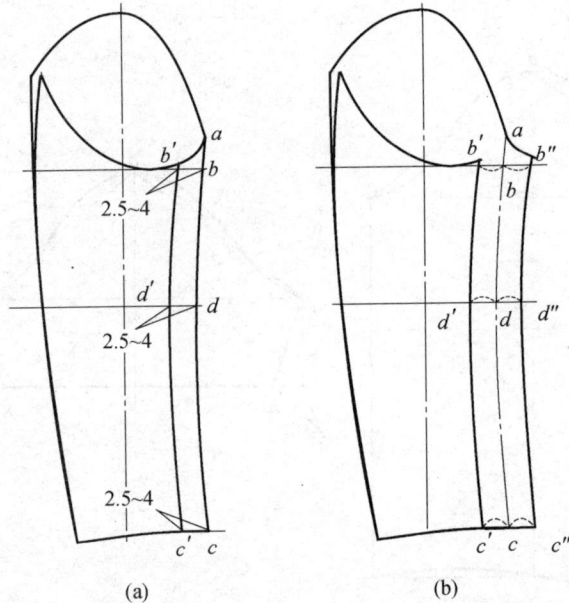

图6-2-32

12. 两片圆装袖运用Ⅱ

特点：前袖缝线前移，偏向小袖片，偏移量一般为2.5～4cm；后袖缝线上部向后偏移2cm，在袖口处不偏移，并在此处开袖衩。

此袖结构设计时，先在两片袖母型上确定前袖缝线偏移线$a'b'$及后袖缝偏移线$c'e'd$，如图6-2-33（a）所示，并在后袖缝袖口处增加宽3cm、长10cm的袖衩，即可得此款式的小袖片结构图，如图6-2-33（b）所示。大袖片的前袖缝线的确定方法同两片圆装袖运用Ⅰ，后袖缝线是将小袖片母型上c'、e'对称向外展开得到c''、e'点，用弧线连接$c''e'd$，如图6-2-33（b）所示，袖衩与袖小片一致，即可得到大袖片结构图。

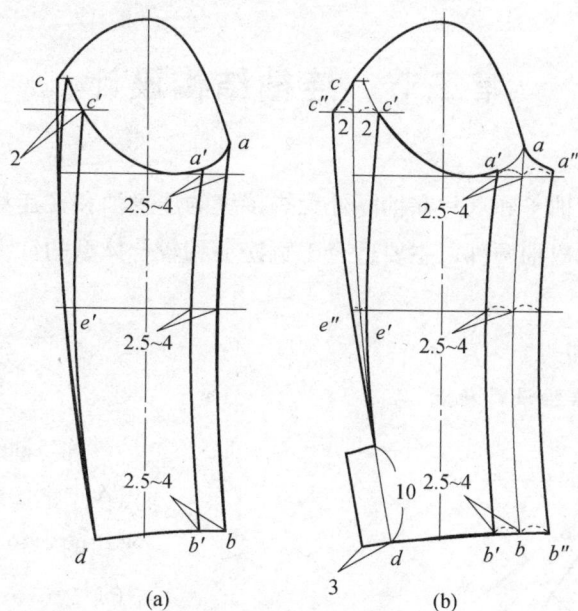

图 6 - 2 - 33

13. 两片圆装袖运用Ⅲ

特点：前袖缝线前移，偏向小袖片，偏移量一般为 2.5～4cm，后袖缝线上下均匀向后偏移 3cm，穿着时后袖缝不显露在外。

此袖结构设计时，先在两片袖母型上确定前袖缝线偏移线 $a'b'$ 及后袖缝偏移线 $c'e'd'$，如图 6 - 2 - 34（a）所示，$a'b'd'e'c'$ 即为此款式的小袖片结构图，如图 6 - 2 - 34（b）所示；大袖片的前袖缝线的确定方法同两片圆装袖运用Ⅰ，后袖缝线是将小袖片母型上 c'、e'、d' 以 cd 为轴向外展开，得到 c''、e''、d''，弧线连接 $c''e''d''$，如图 6 - 2 - 34（b）

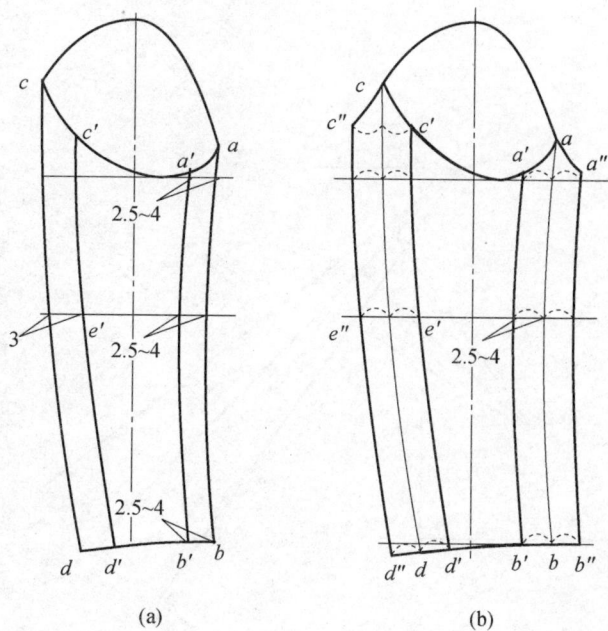

图 6 - 2 - 34

所示，即可得到大袖片结构图。

第三节　连袖结构设计

连袖可分为袖子和衣片在袖窿处无拼接缝的连身袖和在连身袖基础上将袖身重新分割的插肩袖两种，主要适合于宽松型和较合体型的针织服装。

一、连身袖结构

1. 连身袖结构设计特点

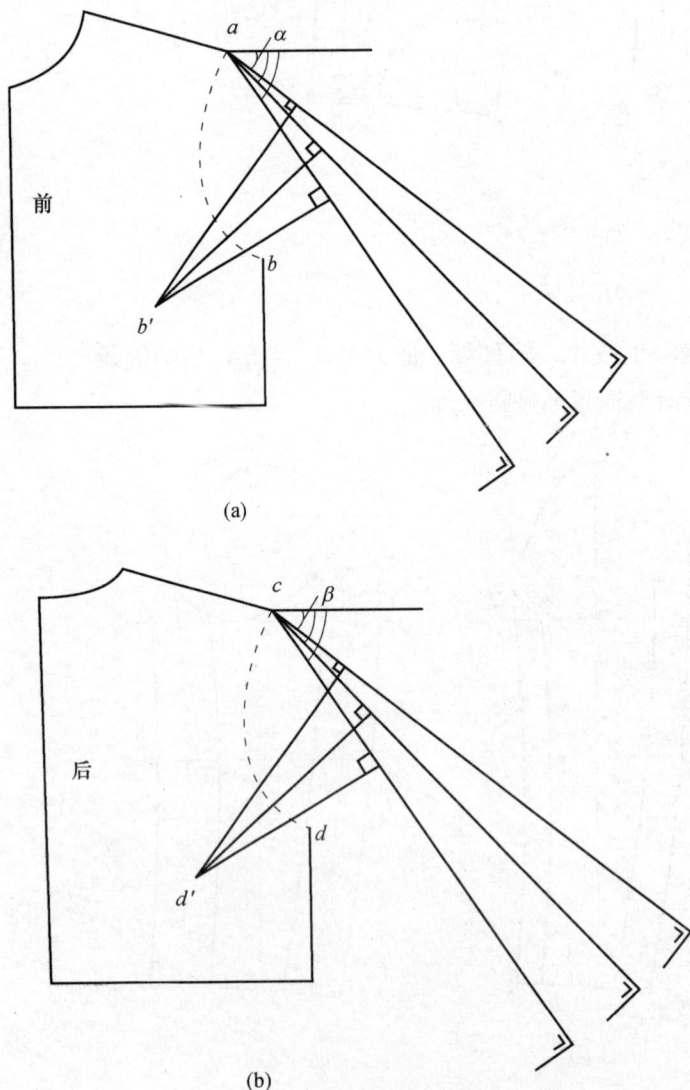

(a)

(b)

图 6-3-1

连身袖结构设计时关键点在于把握前后袖中线与水平线的夹角（即袖山角）α、β 的大小，α、β 越小，袖山深越小，袖肥越大，袖子下垂后袖身褶皱越多，外造型越呈宽松风格；反之，α、β 越大，袖山深越大，袖肥越小，袖子下垂后袖身褶皱越少，外造型越呈合体风格，但手臂上抬受到牵制（图 6-3-1）。

但总体而言，连身袖一般用于风格比较休闲、随意的服装款式。因此大身母型选择宽松型，袖山深一般不大于 13.5cm，前袖山角 α 不超过 45°，后袖山角 β 不超过 43°，且 $\alpha \geqslant \beta$，一般差值不超过 2°。

2. 连身袖结构制图

连身袖结构制图步骤如下：

（1）选用宽松型衣身母型，如图 6-3-2 所示。

（2）从前衣身 a 点开始向外作前袖中线 ae，ae 与水平线呈 α，且 $ae=$ 袖长。袖山角 α 大小与款式宽松程度有关，其最大值不大于 $45°$，最小值不小于前肩斜度。

（3）作袖口线垂直于袖中线，前袖口宽 $ef=$ 袖口宽 $-0.5\mathrm{cm}$。

（4）取前袖山深 ad，袖山深与款式宽松程度有关，$ad=0\sim13.5\mathrm{cm}$，过 d 点作袖中线的垂线（即前袖肥线），在前袖窿弧线与前胸宽线的交点 c 处取 $cb'=cb$，cb' 与袖肥线相交于 b' 点，得前袖肥大 db'。

（5）将袖中线与袖底线如图 $6-3-2$（a）所示画顺。

（6）在后衣身 g 点处向外作后袖中线 gl，gl 与水平线呈 $\alpha-(0°\sim2°)$，且 $gl=$ 袖长。$\alpha-(0°\sim2°)$ 最小值不小于后肩斜度。

（7）作袖口线垂直于袖中线，后袖口宽 $lm=$ 袖口宽 $+0.5\mathrm{cm}$。

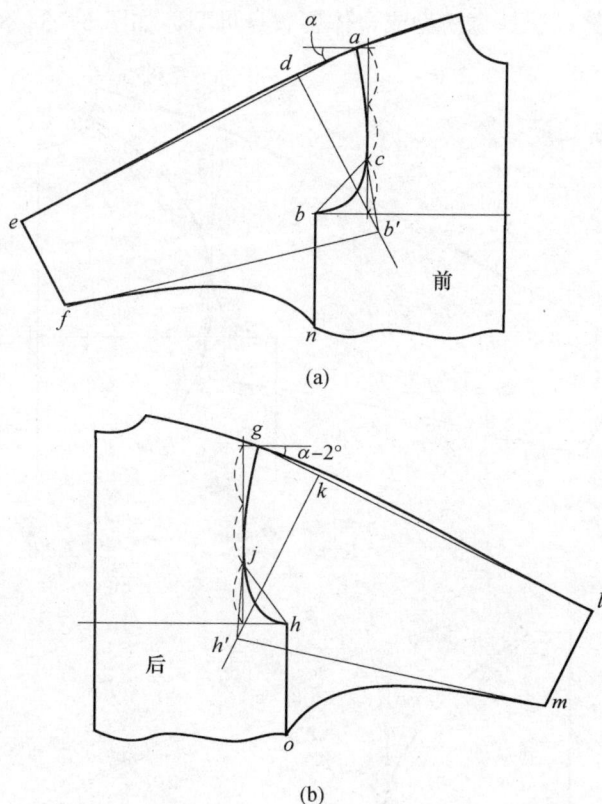

(a)

(b)

图 $6-3-2$

（8）取后袖山深 $gk=ad$，过 k 点作袖中线的垂线，在后袖窿弧线与后背宽线的交点 j 处取 $jh'=jh$，与袖肥线相交于 h' 点，得后袖肥大 kh'。

（9）将袖中线与袖底线如图 $6-3-2$（b）所示画顺，且要求 ho 与 bn、$\overset{\frown}{mo}$ 与 $\overset{\frown}{fn}$ 相等。

二、插肩袖结构

1. 插肩袖结构设计特点

插肩袖与连身袖结构设计有相似之处，关键点也在于把握前后袖中线与水平线的夹角（即袖山角）α、β 的大小，α、β 大小与造型风格关系同连身袖。但插肩袖不仅可用于比较休闲、随意的款式，还可以用于非常合体的服装款式中。

因此，对于宽松型服装的袖山深，前袖山角 α、后袖山角 β 的选择可参考连身袖的结构设计；对于合体型插肩袖，$\alpha=42°\sim60°$，$\beta=\alpha-\dfrac{1}{2}$ $(\alpha-40°)$，袖山深 $=13.5\sim16$cm。

2. 插肩袖结构制图

插肩袖结构制图步骤如下：

（1）根据款式选择宽松型或合体型衣身母型，如图 6-3-3 所示。

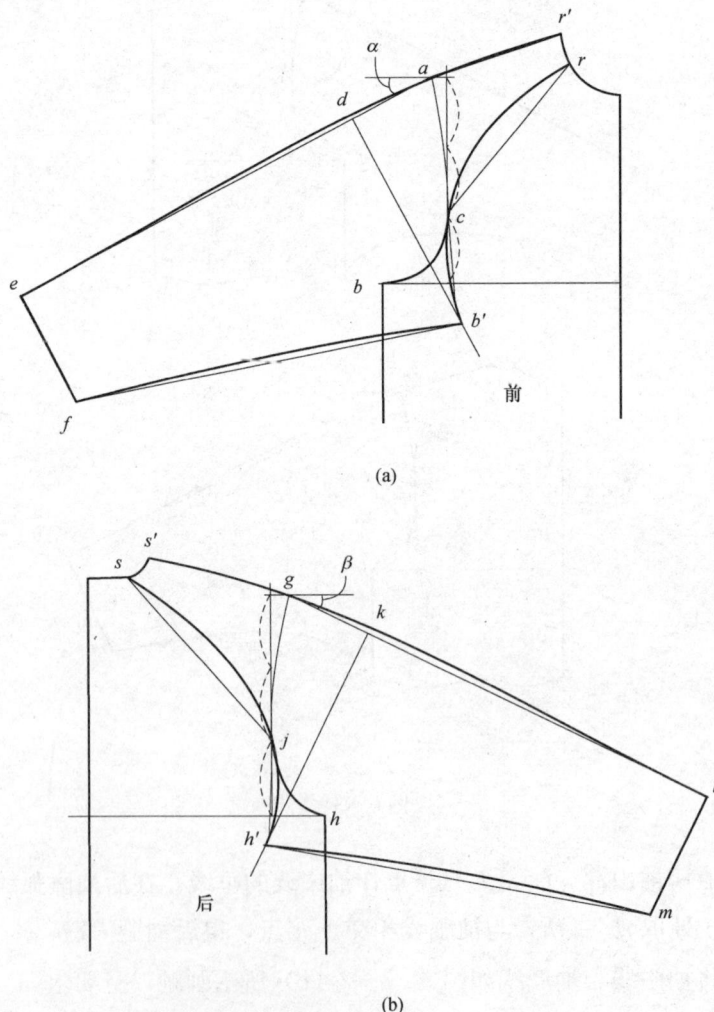

(a)

(b)

图 6-3-3

（2）在前衣身 a 点处向外作前袖中线 ae，ae 与水平线呈 α，且 $ae=$ 袖长。α 大小与款式宽松合体程度有关，对于宽松型，其最大值不大于 $45°$，最小值不小于前肩斜度；对于合体型，$\alpha=42°\sim60°$。

（3）作袖口线垂直于袖中线，前袖口宽 $ef=$ 袖口宽 -0.5cm。

（4）取前袖山深 ad，袖山深与款式宽松合体程度有关，宽松款型 $ad=0\sim13.5\text{cm}$，合体型款型 $ad=13.5\sim16\text{cm}$，过 d 点作袖中线的垂线（即袖肥线），在前袖窿弧线与前胸宽线的交点 c 处取 $\overparen{cb'}=\overparen{cb}$，$\overparen{cb'}$ 与袖肥线相交于 b' 点，得前袖肥大 db'。

（5）如图 6-3-3（a）所示画顺袖中线与袖底线，然后按款式效果图要求，从前领口部位向前袖窿处画出插肩袖的分割线。

（6）如图 6-3-3（b）所示，在后衣身 g 点处向外作前后袖中线 gl，gl 与水平线呈 β，且 $gl=$ 袖长。对于宽松型，$\beta=\alpha-(0°\sim2°)$，且最小值不小于后肩斜度；对于合体型，$\beta=\alpha-\dfrac{1}{2}(\alpha-40°)$。

（7）作袖口线与袖中线垂直，后袖口宽 $lm=$ 袖口宽 $+0.5\text{cm}$。

（8）取后袖山深 $gk=ad$，过 k 点作袖中线的垂线，在后袖窿弧线与后背宽线的交点 j 处取 $\overparen{jh'}=\overparen{jh}$，与袖肥线相交于 h' 点，得后袖肥大 kh'。

（9）画顺袖中线与袖底线，且要求 $\overparen{h'm}=\overparen{b'f}$，然后根据款式效果图要求，从后领口部位向后袖窿处画出插肩袖的分割线。

三、连袖结构变化

1. 半插肩袖

此袖特点是分割线在肩缝线上，款式效果图如图 6-3-4 所示。结构设计方法基本与插肩袖相同，只是分割线按款式要求确定位置，具体的结构设计图如图6-3-5所示。

图 6-3-4

(a)

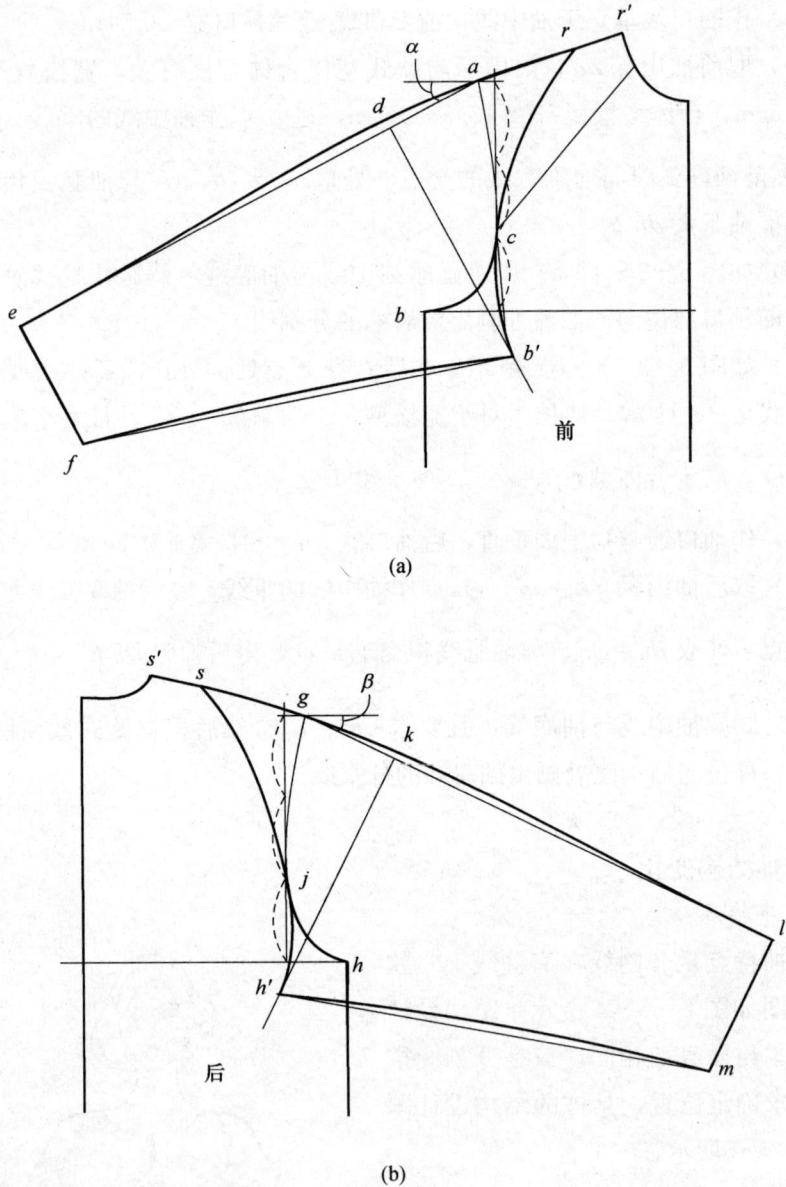

(b)

图 6 - 3 - 5

2. 马鞍袖

此袖特点是分割线前片从领口开始分割，后片从背中线开始分割，分割曲线弧度较大，款式效果图如图 6 - 3 - 6 所示。结构设计方法可参考插肩袖，并按款式要求确定分割线位置，具体的结构设计图如图 6 - 3 - 7 所示。

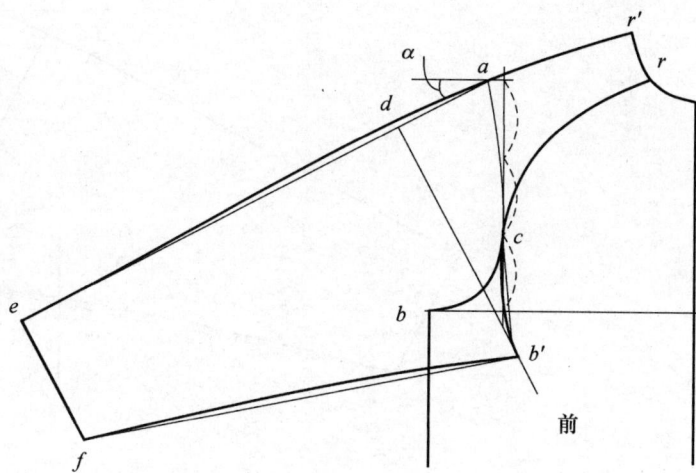

(a)

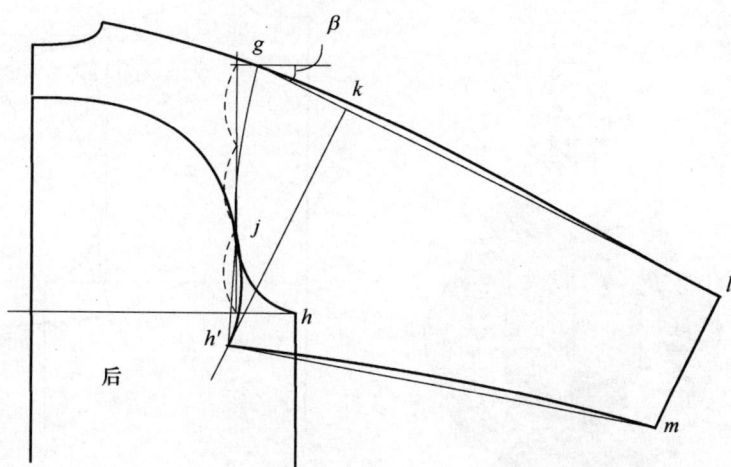

(b)

图 6 - 3 - 6

图 6 - 3 - 7

3. 冒肩袖

此袖特点是分割线从袖子上开始分割，将袖子的一部分与大身结合，款式效果图如图 6 - 3 - 8 所示。结构设计方法可参考插肩袖，并按款式要求确定分割线位置，如图 6 - 3 - 9 所示。

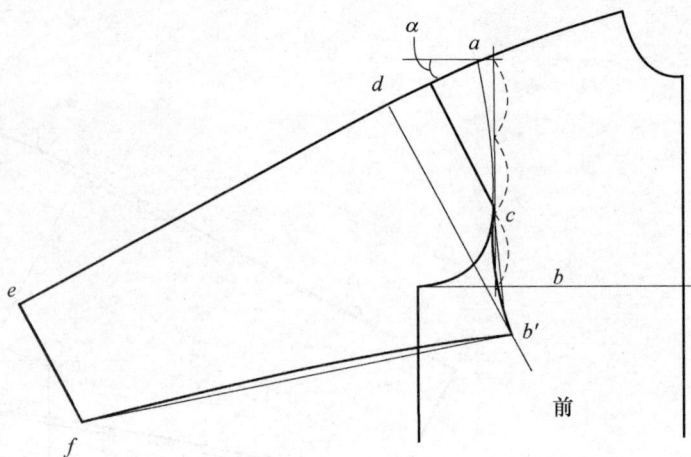

(a)

图 6 - 3 - 8

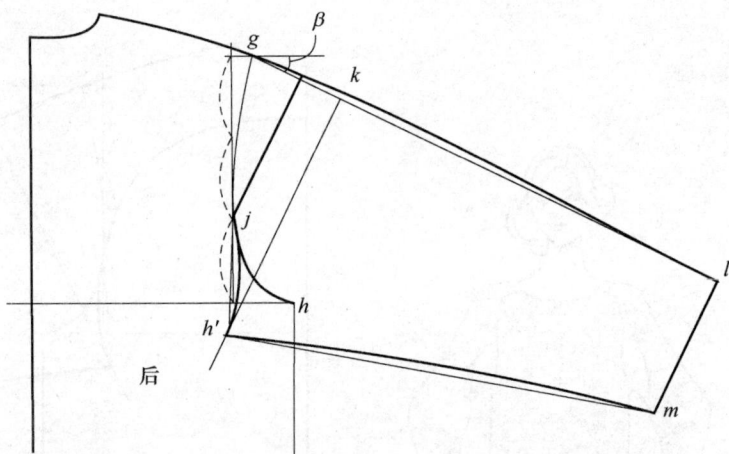

(b)

图 6 - 3 - 9

复习与作业

按下列袖型绘制袖子结构图。

题图 6－1

题图 6－2

题图 6－3

题图 6－4

题图 6－5

题图 6－6

专业技能及应用理论——

综合实例

上课时数：8 课时

教学提示：通过分析不同款式的男、女针织服装结构设计，引导学生能根据效果图灵活应用所学知识进行针织服装的结构设计。

教学要求：根据已掌握的上下装结构设计方法，解决实际针织服装的结构设计问题。

第七章　综合实例

实例一　吊带衫与中裤套装

一、款式特点

　　上装为简单、合体的吊带衫，依靠针织面料弹性来体现女性的曲线美。下装配以较紧身合体的中裤，效果图如图 7-1-1 所示。

图 7-1-1

二、面料选择

　　建议吊带衫采用棉/莱卡交织的印花纬平针织物；中裤可用含氨纶的平纹机织物。

三、结构设计规格

表 7-1-1　吊带衫成品规格　　　　　　　　　　　　　单位：cm

部位 尺寸 号型	衣长	半胸围（B'）①	挂肩	中腰位置	半腰围（W'）②	半摆围	吊带长	吊带宽	后领宽	前领宽	折边宽
160/84	55	40	22	34	36	39	24	0.8	22.5	24.5	2.5
备注	—	半围	—	从肩带上端量至腰部最细处	半围	量下摆口	—	—	量口	量口	—

① B' 表示半胸围。

② W' 表示半腰围。

表 7-1-2 中裤成品规格 单位：cm

号型 \ 尺寸 \ 部位	裤长	臀围	腰围	上裆	裤口宽	腰头宽
160/64	75	88	70	24	16	3.5

四、结构设计特点

吊带衫结构设计可采用第四章中图 4-2-3 的针织内衣母型，由于肩带是采用 0.8cm 宽的滚条缝制而成，因此前后肩斜度可取 0，肩宽就相当于领宽，具体结构设计如图 7-1-2 所示。需要注意的是，规格尺寸中胸围、腰围和摆围都是半围，因此结构设计时前后片的胸围、腰围和摆围为 $\frac{半胸围}{2}$、$\frac{半腰围}{2}$、$\frac{半摆围}{2}$。中裤上裆较短，裤身比较紧身，特别是裤腿非常紧身，结构设计原理可参考针织外裤基本结构设计，具体结构设计如图 7-1-3 所示。

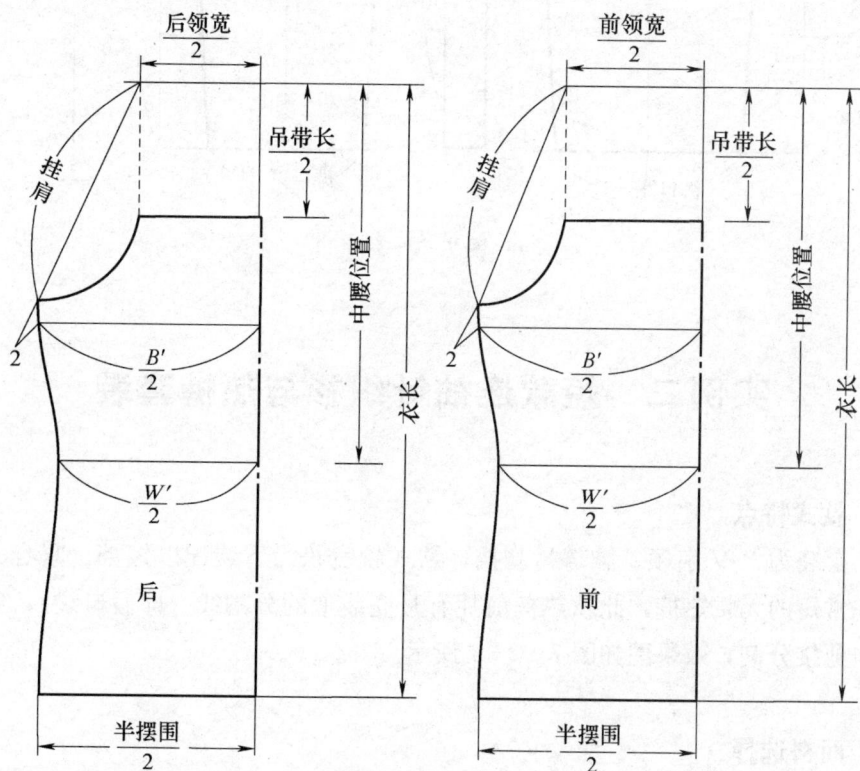

图 7-1-2

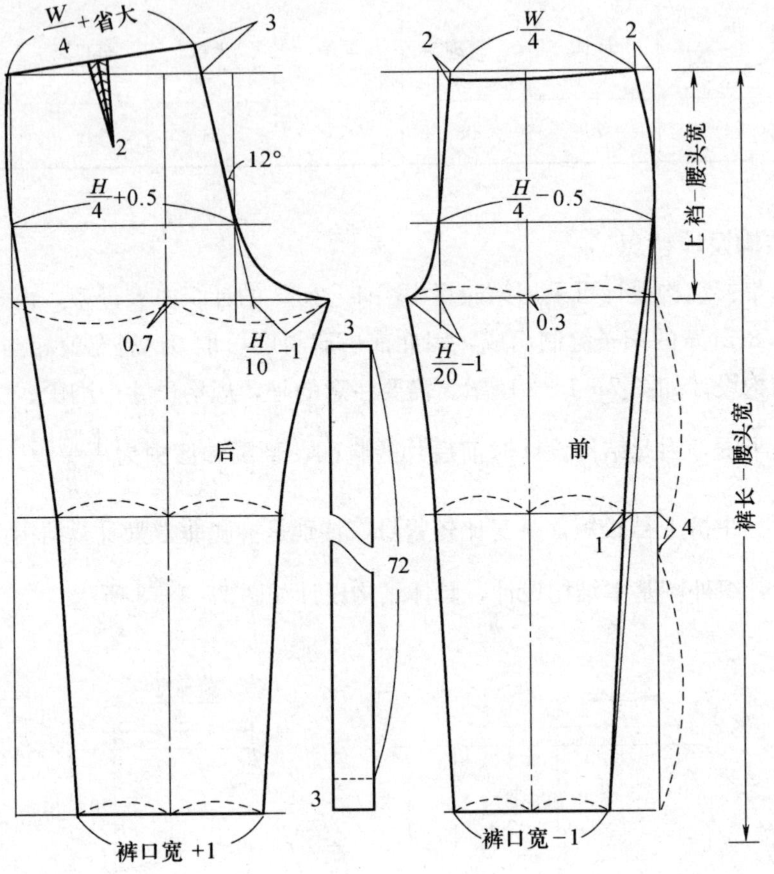

图 7 - 1 - 3

实例二　短款连袖针织衫与热裤套装

一、款式特点

上装为大 V 字领、胸部衬胸挡，款式较宽松。下装配以短档、紧身、裤长非常短的无腰热裤，此款热裤前片有月亮袋似的分割线（即假口袋），后片横向剪接分割，效果图如图 7-2-1 所示。

二、面料选择

建议采用悬垂性好的黏胶纤维、Modal 或 Tencil 等交织或混纺的纬平针面料制作上装；采用丝绒、平绒、立绒或结构较稳定、厚实的针织面料制作短裤。

三、结构设计规格

表 7-2-1　短款连袖针织衫成品规格　　　　　　　单位：cm

尺寸 号型 / 部位	衣长	胸围	肩宽	前/后领宽	前领深	后领深	下摆宽	袖长	袖口宽
160/84	60	95	41	24	14	4	20	14	19

表 7-2-2　热裤成品规格　　　　　　　单位：cm

尺寸 号型 / 部位	裤长	臀围	腰围	上裆	裤口宽
160/64	25	90	72	22	26

四、结构设计特点

　　上装选择宽松型上衣母型，母型变量值选择可参考表 7-2-3，领深和领宽可按规格直接制图，并按款式画出领口弧线，其大身结构制图如图 7-2-2 所示；连身袖结构设计时，前袖山角选择 30°，由于大身前后肩斜度相同，因此后袖山角也选择与前袖山角相同，袖山深取 8cm，具体结构设计如图 7-2-3 所示。短裤因上裆较短，裤腰在实际穿着时处于胯部，腰围尺寸较大，结构设计原理可参考针织外裤基本结构设计，将前片的褶裥量和后片的省道分别转移至分割线内，具体结构设计如图 7-2-4 所示。

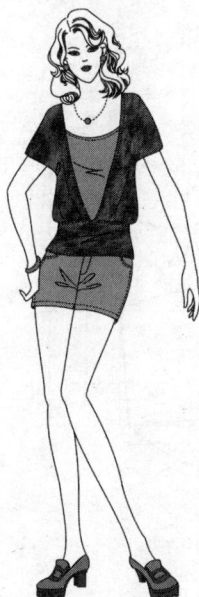

图 7-2-1

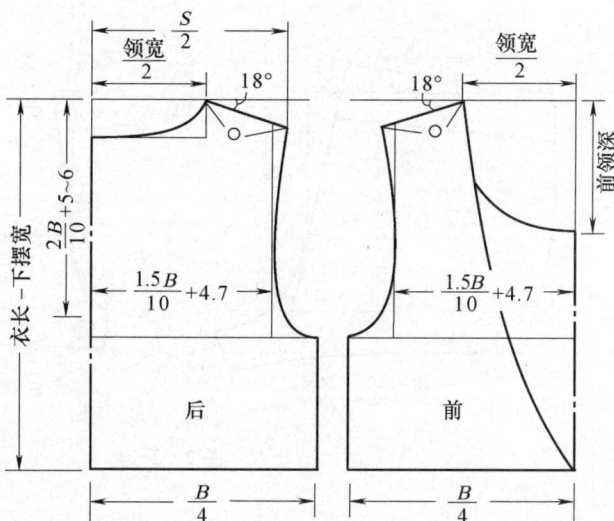

图 7-2-2

表7-2-3 短款连袖针织衫大身母型的变量值选择　　　　　　　单位：cm

ⓐ	ⓑ	ⓔ	ⓒ	ⓓ	φ	θ	α	△
1～2	0.7	0	0	0	18°	18°	0°	0

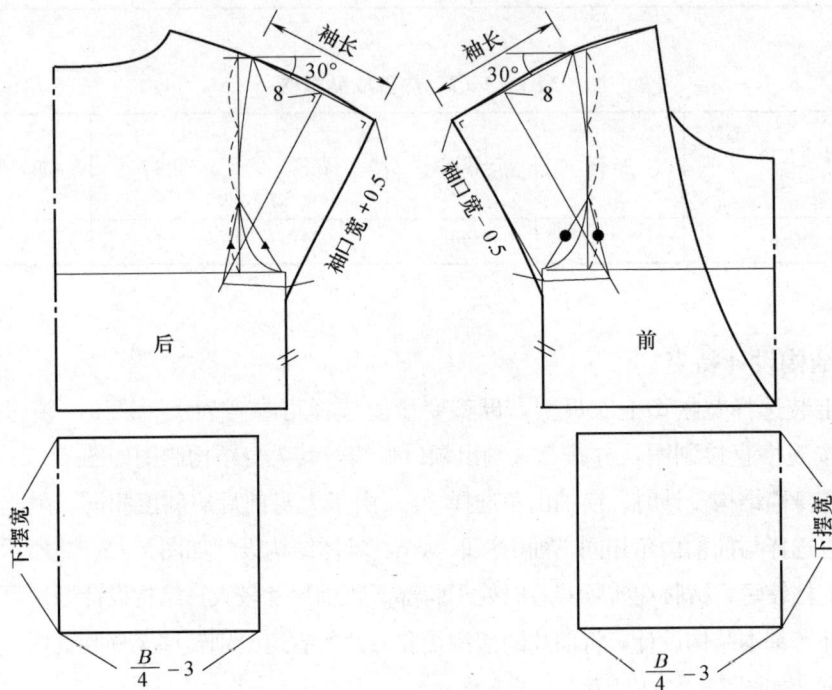

图7-2-3

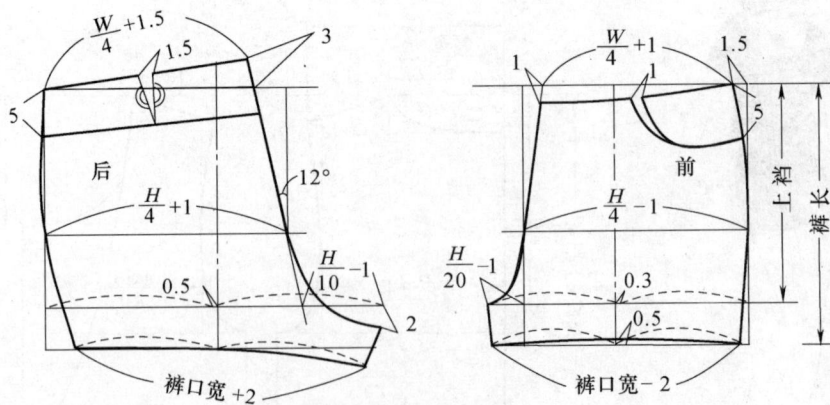

图7-2-4

实例三　高领长袖针织衫与长裙套装

一、款式特点

上装为高领长袖针织衫，胸部弧线分割，并抽有细褶，款型较合体，可内穿也可外穿。下装配以高雅的小喇叭长裙，效果图如图7-3-1所示。

二、面料选择

建议高领长袖针织衫采用天然纤维或混纺纱编织的棉毛类或细针距罗纹类针织物；裙装可采用悬垂性较好的针织天鹅绒。

三、结构设计规格

表7-3-1　高领长袖针织衫成品规格　　　　　　单位：cm

尺寸 号型 ＼ 部位	衣长	胸围	肩宽	前/后领宽	前领深	后领深	领高	袖长	袖口宽
160/84	55	85	36	21	4	2	17	55	10

表7-3-2　长裙成品规格　　　　　　单位：cm

尺寸 号型 ＼ 部位	裙长	腰围	腰头宽
160/64	90	66	3

四、结构设计特点

上装大身选择合体型上衣母型，母型变量值选择可参考表7-3-3，领深和领宽按规格直接制图，并按款式画出分割线具体位置，如图7-3-2所示；将省道运用剪开折叠法转移至胸部分割处［图7-3-3（b）、图7-3-3（c）］，为了能达到款式图中有较多褶裥的效果，还应将在省道转移以后的结构图上按图7-3-3（d）、图7-3-3（e）所示的方法进行进一步切展，并画顺外围分割弧线，其前片最终的结构制图如图7-3-3（a）、图7-3-3（f）所示；袖子可运用一片圆装袖母型结构设计原理进行设计，袖山深取10～11cm，具体结构设计如图7-3-4所示；图7-3-5为领子结构设计图。两片式长裙裙摆较小，采用斜裙中圆型法进行结构设计，圆心角定为60°，具体结构设计如图7-3-6所示。

表 7 - 3 - 3 高领针织衫大身母型的变量值选择 单位：cm

ⓐ	ⓑ	ⓑ'	ⓒ	ⓓ	φ	θ	α	△
0	0	0	0	0	19°	19°	10°	0.7

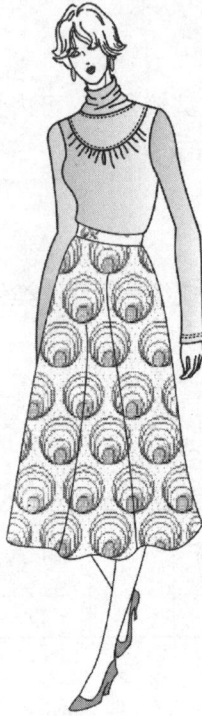

图 7 - 3 - 1

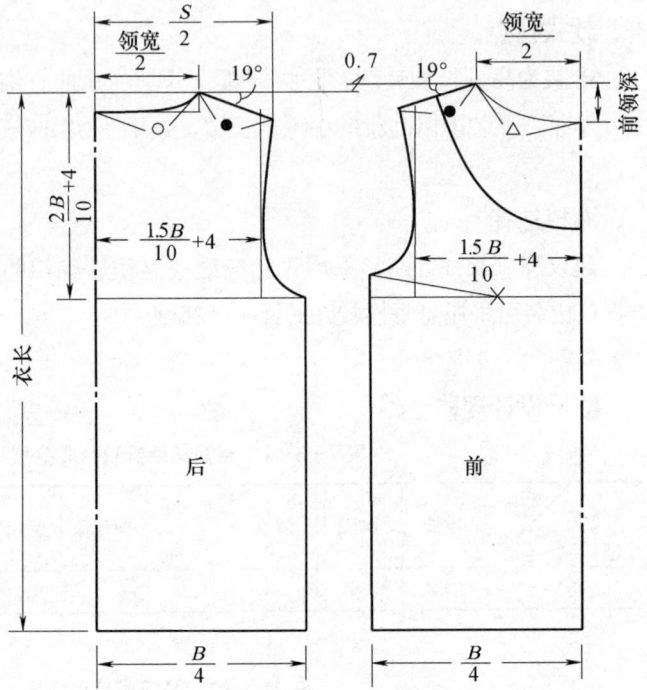

图 7 - 3 - 2

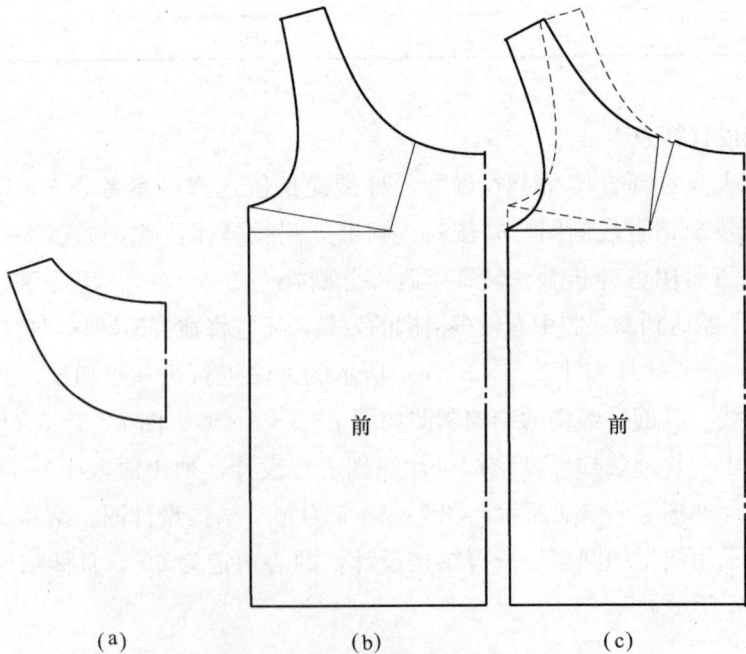

(a)　　　　　　　(b)　　　　　　　(c)

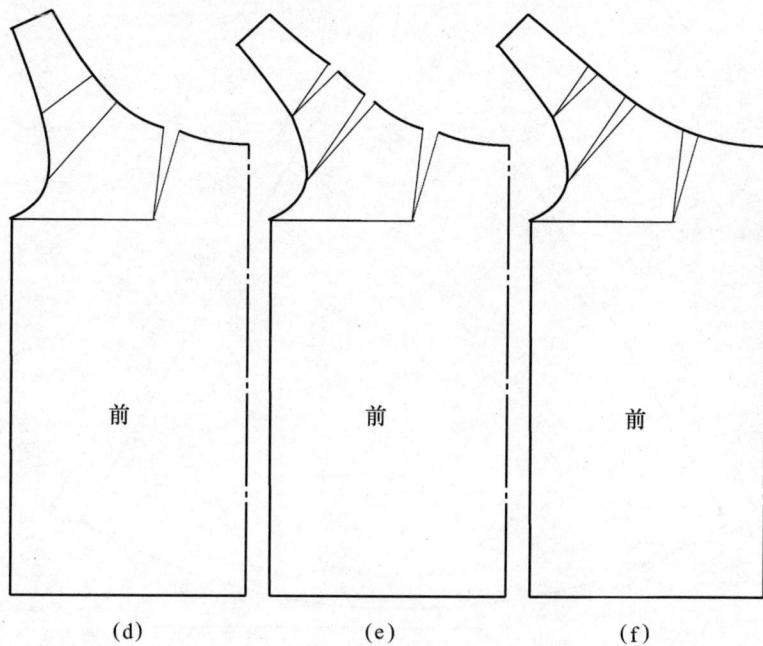

（d）　　　　　　　（e）　　　　　　　（f）

图 7 - 3 - 3

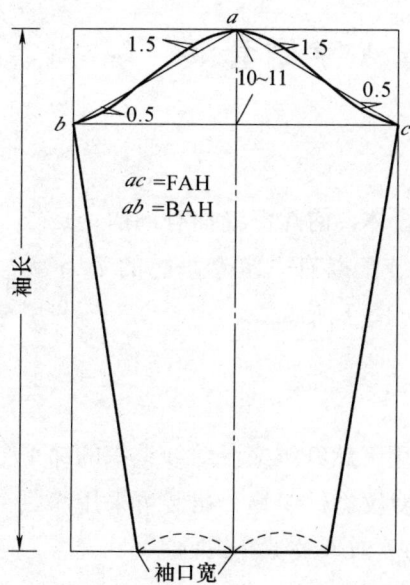

图 7 - 3 - 4

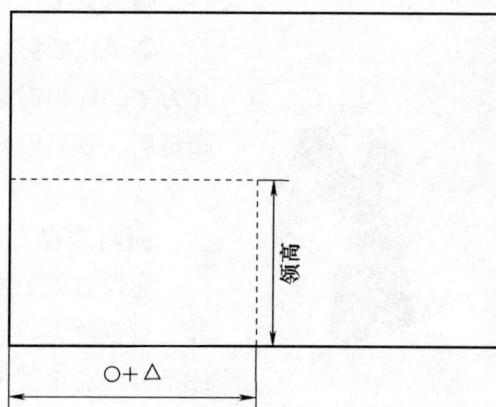

图 7 - 3 - 5

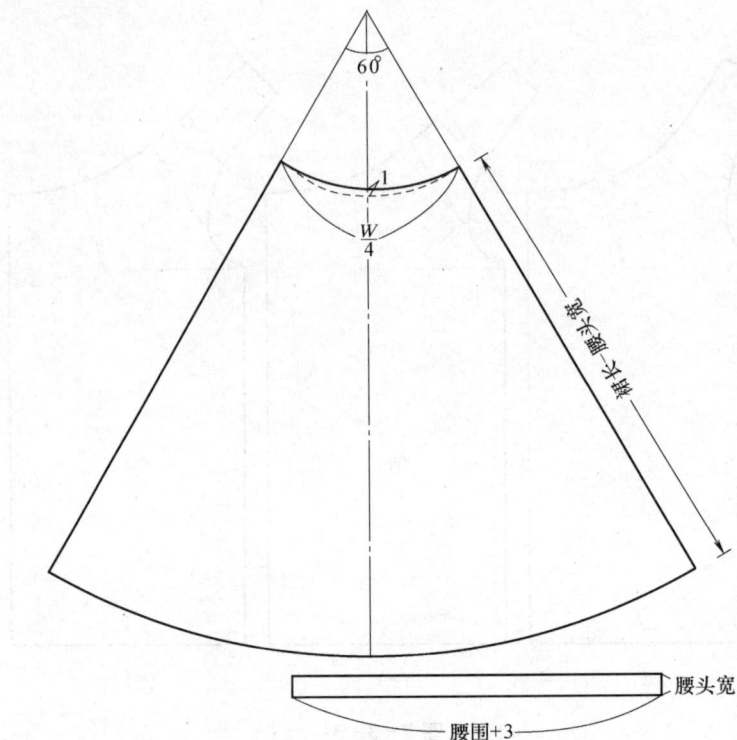

图 7 - 3 - 6

实例四　斜襟短袖衫与 A 字裙套装

一、款式特点

　　斜襟短袖衫款型较合体，前片侧缝抽有细褶，是外穿为主的针织时装。下装配以有一定悬垂感的 A 字无腰短裙，效果图如图 7 - 4 - 1 所示。

二、面料选择

　　建议斜襟短袖衫采用天然纤维或混纺纱编织的纬平针、双罗纹类或细针距罗纹类针织物；裙装可采用涤氨纬平针（克重要求较重）、双罗纹类针织物。

图 7 - 4 - 1

三、结构设计规格

表 7 - 4 - 1 斜襟短袖衫成品规格 单位：cm

尺寸 号型 \ 部位	衣长	胸围	肩宽	前/后领宽	前领深	后领深	下摆宽	袖长	袖口宽
160/84	55	88	38	20	21	2	10	15	12

表 7 - 4 - 2 A字裙成品规格 单位：cm

尺寸 号型 \ 部位	裙长	臀高	腰围	臀围
160/64	45	19	66	92

四、结构设计特点

上装大身选择合体型上衣母型，母型变量值选择可参考表 7 - 4 - 3，领深和领宽按规格直接制图；由于款式前片左右不对称，因此前片必须以半胸围制图（图 7 - 4 - 2）。为了能达到款式图中侧缝有较多褶裥的效果，除了胸省量作为褶量的一部分外，还应在前片结构图基础上按图 7 - 4 - 3（a）、图 7 - 4 - 3（b）所示的方法进一步切展，并画顺侧缝线，如图 7 - 4 - 3（c）所示，完成前

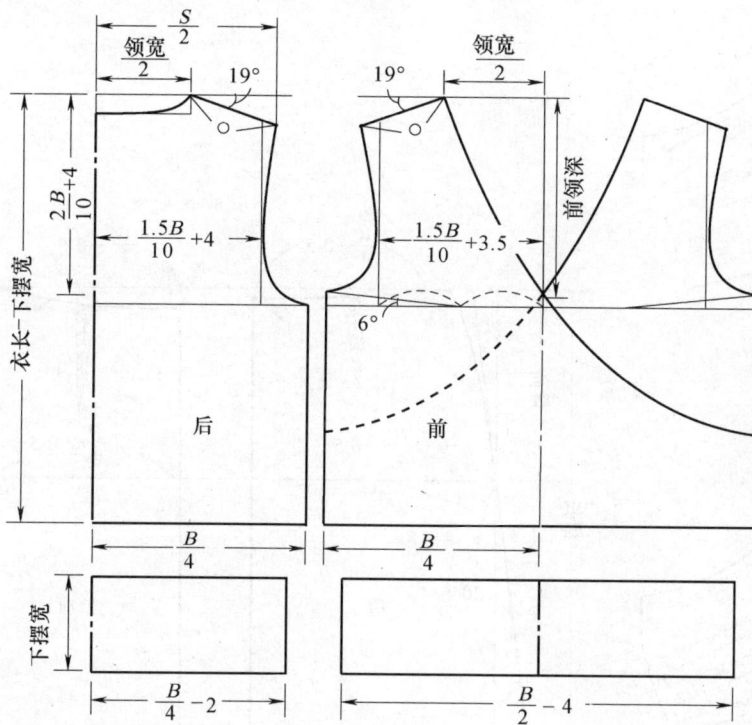

图 7 - 4 - 2

片结构制图；袖子可采用一片圆装袖母型，袖山深取 11cm，具体结构设计如图 7-4-4 所示。图 7-4-5 为 A 字裙的结构设计图。

表 7-4-3　斜襟短袖衫大身母型的变量值选择　　　　　　单位：cm

ⓐ	ⓑ	ⓑ	ⓒ	ⓓ	ϕ	θ	α	△
0	0	0.5	0	0	19°	19°	5°	0

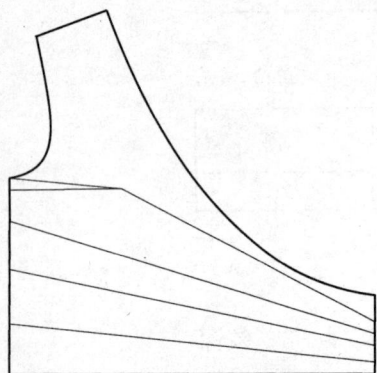

(a)

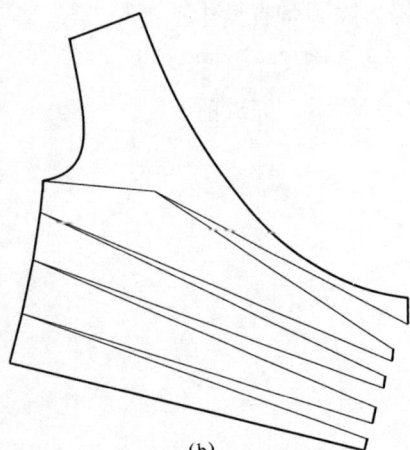

(b)

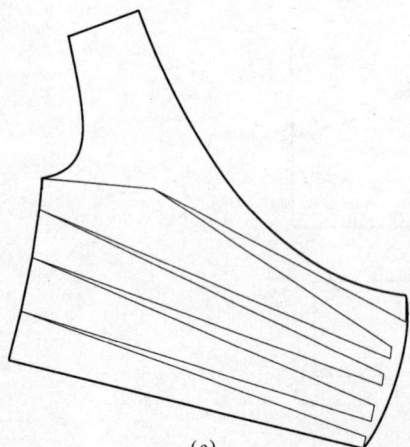

(c)

图 7-4-3

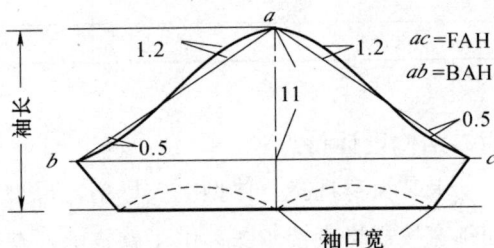

ac=FAH
ab=BAH

图 7-4-4

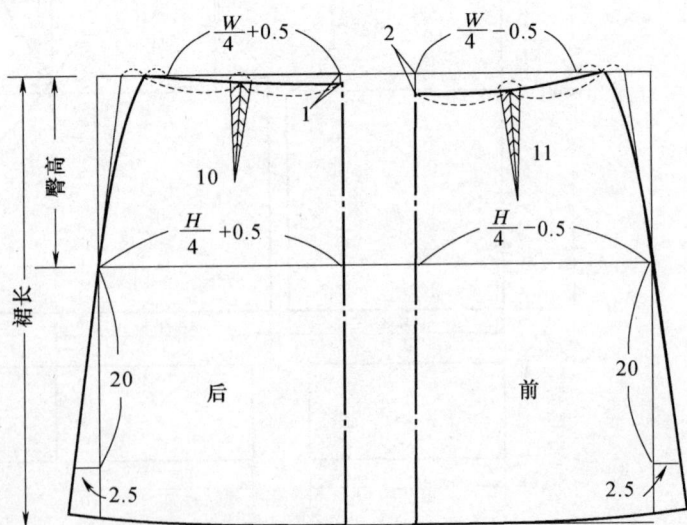

图 7-4-5

174

实例五 翻领横纽襻开衫与裙裤套装

一、款式特点

上装为款式简洁、腰部略收腰、款型较合体的针织时装。下装配以 A 字裙裤，效果图如图 7-5-1 所示。

二、面料选择

建议此款套装采用绒类针织物，如摇粒绒、天鹅绒、仿麂皮和人造毛皮复合等类别的织物。

三、结构设计规格

表 7-5-1 翻领横纽襻开衫成品规格　　　　　　　单位：cm

部位 尺寸 号型	衣长	半胸围（B'）	肩宽	挂肩	中腰位置	半腰围（W'）	领宽	前领深	后领深	袖长	袖口宽	翻领宽
160/84	58	45	38	19	38	41	16	10	2	55	11	7
备注	—	半围	—	—	—	半围	—	—	—	—	—	—

表 7-5-2 A 字裙裤成品规格　　　　　　　单位：cm

部位 尺寸 号型	裙裤长	上裆	腰围	臀围	腰头宽
160/64	55	30	66	94	3

四、结构设计特点

此款上装没有省道或褶裥设计，且规格尺寸有挂肩、领宽、领深的要求，因此可选择内衣母型方法进行结构设计，如图 7-5-2 所示为上装大身的结构设计图；袖子可采用内衣一片袖母型方法设计，其中袖肥取挂肩-3，使袖子比较合体，具体袖子结构设计如图 7-5-3 所示；领子的结构图如图 7-5-4 所示。图 7-5-5 为 A 字裙裤的结构设计图。

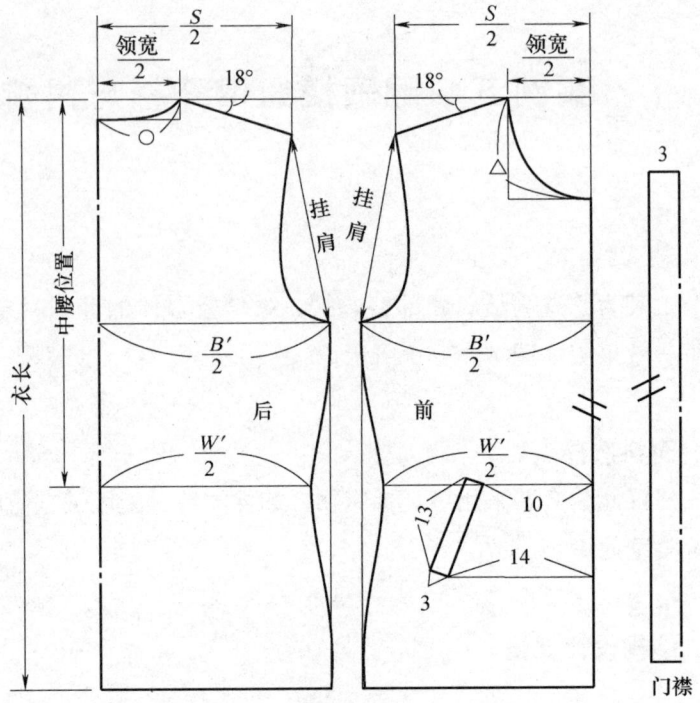

图 7 - 5 - 1

图 7 - 5 - 2

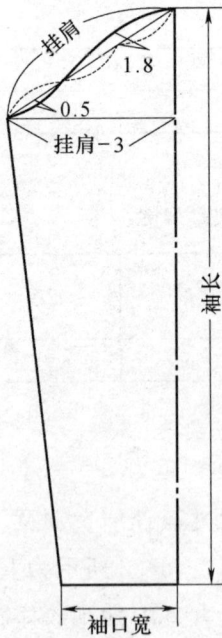

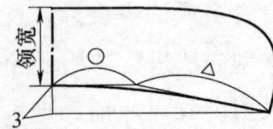

图 7 - 5 - 3

图 7 - 5 - 4

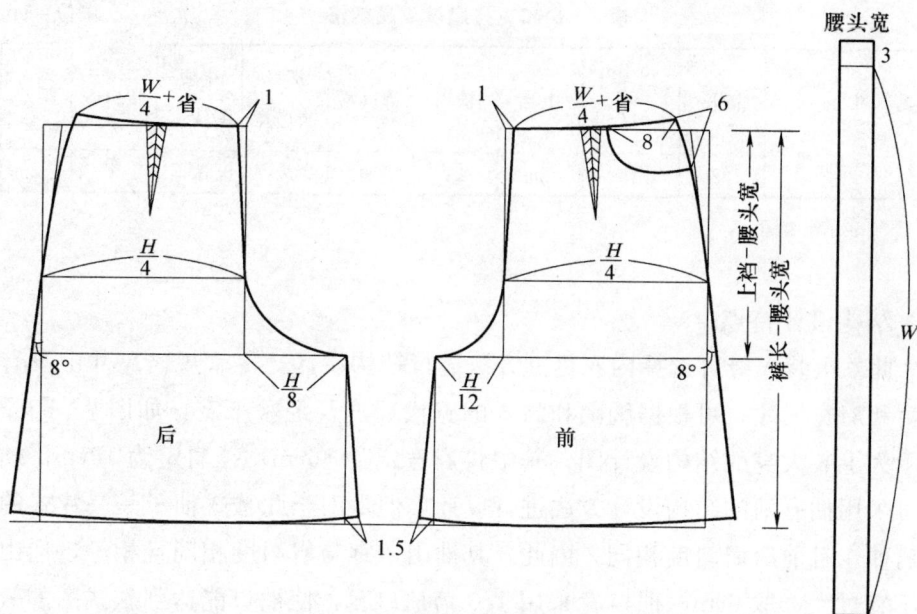

图 7 - 5 - 5

实例六　插肩袖连帽衫与打底裤套装

一、款式特点

　　插肩袖连帽是针织时装中较流行的款式，上装款型较合体，腰部略收腰，下摆以打褶荷叶边做装饰，袖口收成小灯笼袖状。下装配以紧身打底裤（腰头衬入橡皮筋），效果图如图 7 - 6 - 1 所示。

二、面料选择

　　建议上装采用双面类的针织物或衬垫类（拉绒或未经拉绒）针织物；打底裤采用涤/氨纬平针织物。

三、结构设计规格

表 7 - 6 - 1　插肩袖连帽衫成品规格　　　　　　单位：cm

尺寸 号型 部位	衣长	半胸围（B'）	前/后领宽	前领深	后领深	袖长	袖口宽	下摆宽	帽高
160/84	70	42.5	16	10	2	73	10	20	30
备注	—	半围	—	—	—	从后领中心量至袖口	—	—	帽颈点到帽顶

表 7-6-2　打底裤成品规格　　　　　　　　　　　单位：cm

号型　　　　　部位　尺寸	裤长	半臀围(H')①	上裆	横裆	裤口宽	裤口折边宽	半腰围(W')	腰口边	腰差
160/64	92	38	25	22	10	2	30	2	2

①H'表示半臀围。

四、结构设计特点

　　此款上装大身可选择内衣母型方法进行结构设计，尽管规格尺寸中没有挂肩和肩宽尺寸，可根据胸围和款式的宽松程度及经验来定，如图7-6-2所示为上装大身的结构设计图，其中将肩宽定为36cm，挂肩定为19cm；袖子可采用插肩袖的结构设计方法进行设计，但是由于此款式袖子是一片式的插肩袖，且前后肩斜度相同，因此，其袖山角宜与肩斜度相同且相等，袖山深不宜过大，取6cm，袖口宽采用1.6倍袖口宽，使袖口能达到款式图的效果，具体袖子结构设计方法如图7-6-3所示，图7-6-4（a）、图7-6-4（b）、图7-6-4（c）分别为后片、前片和袖子最后的结构图；帽子的结构图如图7-6-5所示，荷叶边如图7-6-6所示。图7-6-7为打底裤的结构设计图。

图 7-6-1

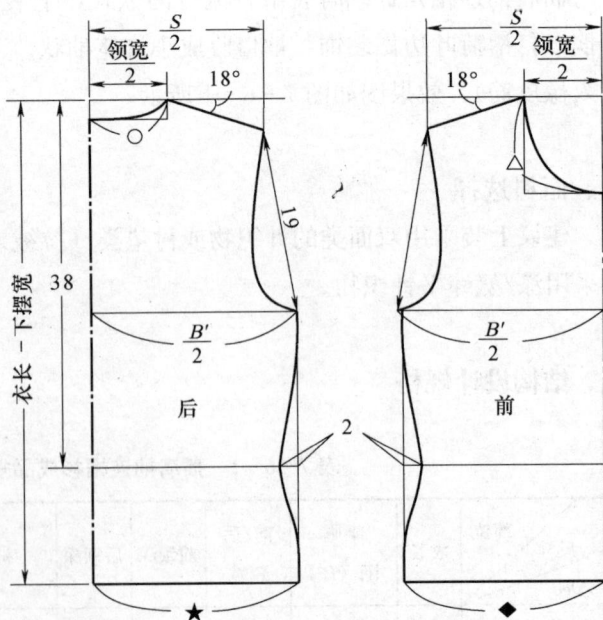

图 7-6-2

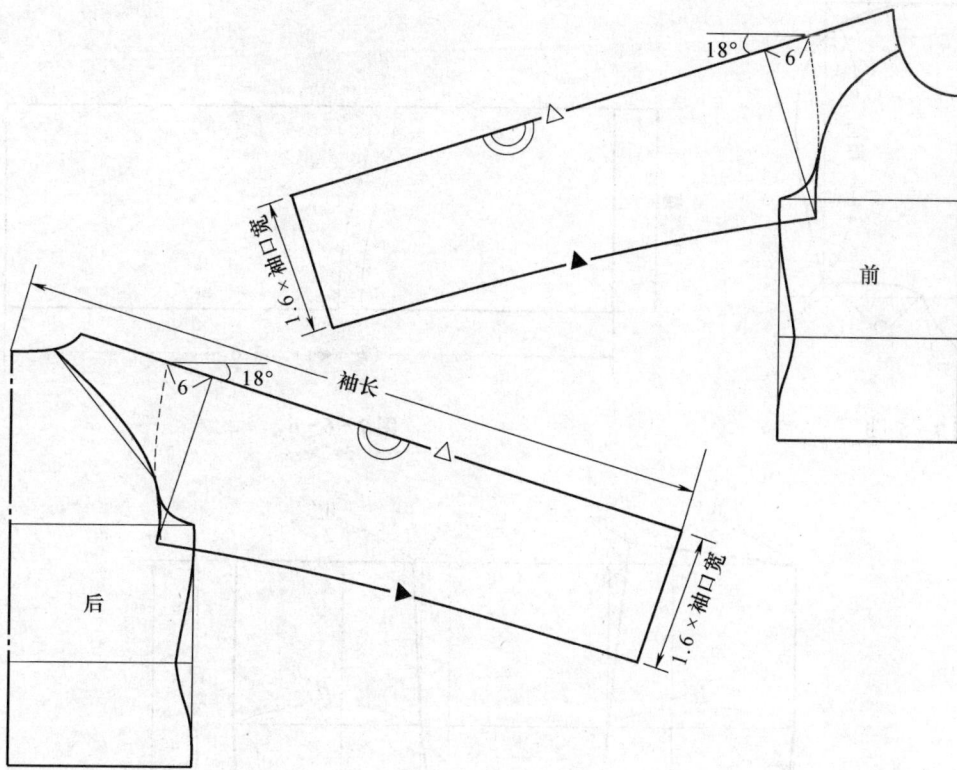

图 7 - 6 - 3

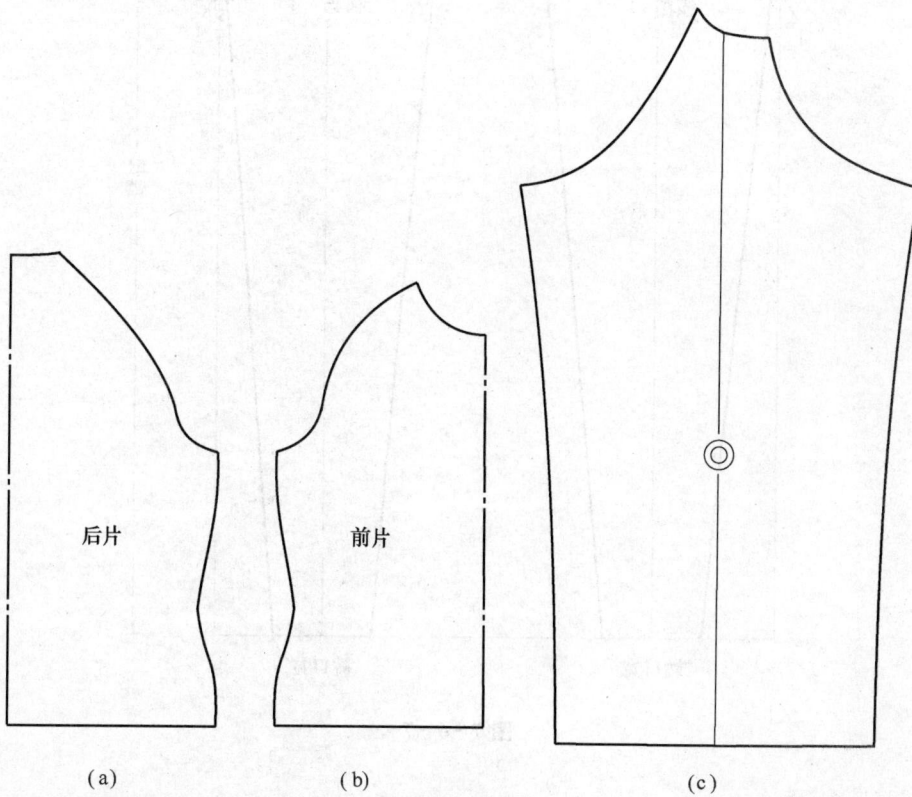

(a)　　　　　　(b)　　　　　　(c)

图 7 - 6 - 4

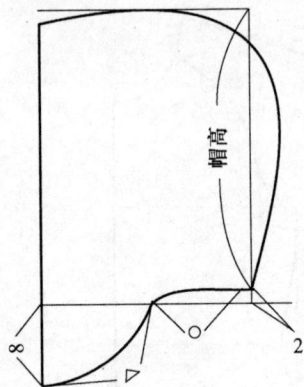

图 7-6-5

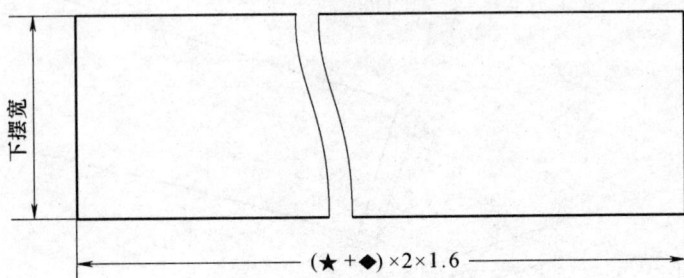

图 7-6-6

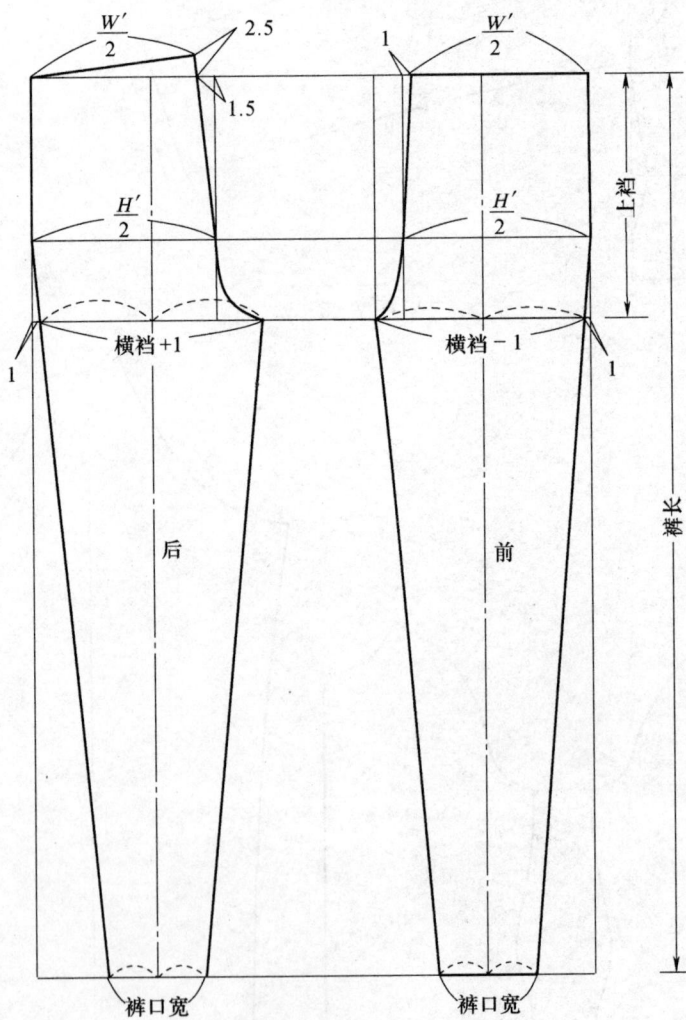

图 7-6-7

实例七 男式立领拉链开衫运动套装

一、款式特点

男式立领拉链开衫运动套装款型宽松休闲，领口、袖口、下摆及裤口都采用罗纹收口，运动裤腰口缝入 4cm 宽的橡皮筋，效果图如图 7-7-1 所示。

二、面料选择

建议采用衬垫类（拉绒或未经拉绒）、粗细针距类等针织物。

三、结构设计规格

表 7-7-1 男式立领拉链开衫成品规格 单位：cm

部位 尺寸 号型	衣长	半胸围(B')	肩宽	肩斜	挂肩	领宽	前领深	后领深	立领高
175/92	74	60	48	5	22	18	7.5	2.5	7.5
备注	—	半周	—	—	—	—	—	—	—

部位 尺寸 号型	下摆罗纹宽	袖长	袖口罗纹长/2	袖口罗纹宽	袋开口长	袋边宽	袋上端距侧缝	袋下端距侧缝	袋距罗纹接缝上
175/92	6.5	63	9.5	6.5	19	2	12.5	7.5	4

表 7-7-2 男式运动裤成品规格 单位：cm

部位 尺寸 号型	裤长	半臀围(H')	上裆	横裆	半腰围(W')	腰口边	腰差	裤口罗纹长/2	裤口罗纹宽
175/78	106	58	32	36	38	4	2.5	15	6.5
备注	—	半周	垂直量	—	半周				

四、结构设计特点

此款上装大身可选择内衣母型方法进行结构设计，运动裤结构设计可参考第二章第二节关于外裤结构变化中的例3（图2-2-10），其中下摆罗纹长与下摆口宽、领罗纹长与领口长度、袖罗纹与袖口宽、裤罗纹与裤口宽之间的差

值与服装款式、罗纹的弹性和拉伸性有关。下摆罗纹长与下摆口宽、领罗纹长与领口长度、袖罗纹与袖口宽、裤罗纹与裤口宽之间一般可按下面的经验公式换算：

下摆罗纹长＝下摆口围－(25～30)cm，或下摆罗纹长

＝下摆口围×(70％～80％)

领罗纹长＝领口长度－(8～10)cm，或领罗纹长

＝领口长度×(80％～85％)

袖口罗纹长＝袖口围－(5～8)cm，或袖口罗纹长

＝袖口围×(70％～75％)

裤口罗纹长＝裤口围－(7～12)cm，或袖口罗纹长

＝裤口围×(70％～75％)

如图7－7－2为上装大身的结构图，图7－7－3为下摆罗纹的结构图，图7－7－4为领罗纹的结构图，图7－7－5为袋口罗纹的结构图，图7－7－6为袖子的结构图，图7－7－7为袖口罗纹的结构图，图7－7－8为裤子的结构图，图7－7－9为裤口罗纹的结构图。

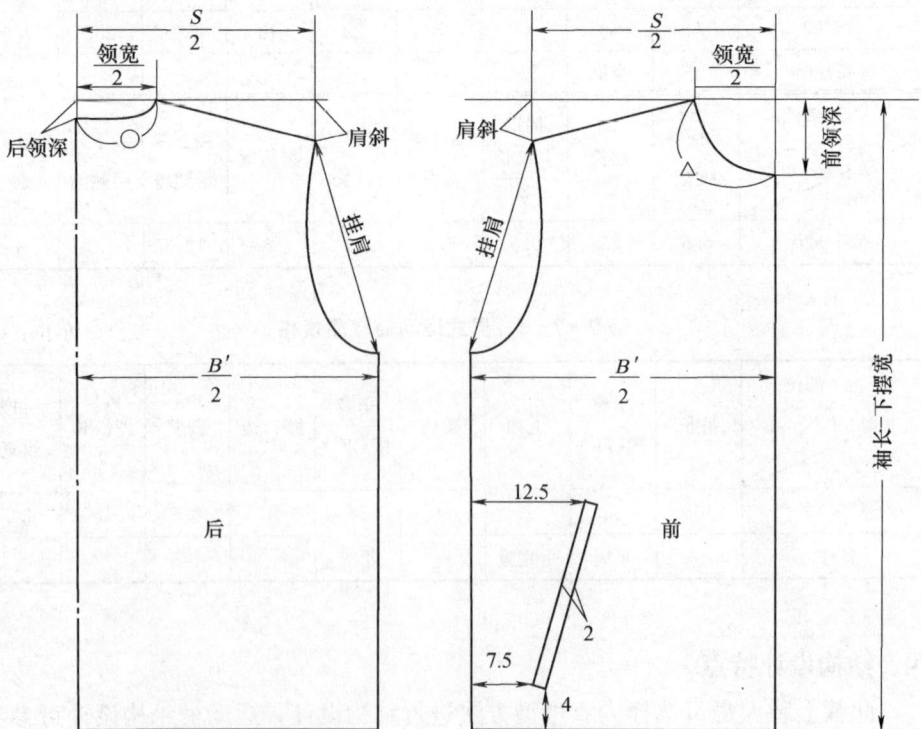

图7－7－1

图7－7－2

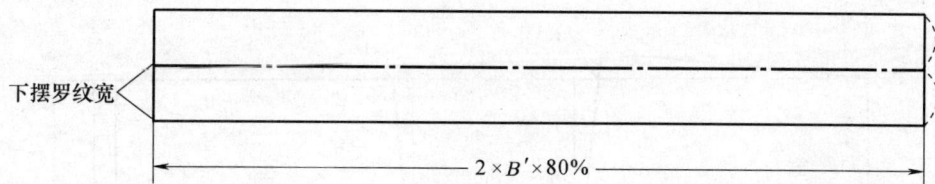

图 7 - 7 - 3

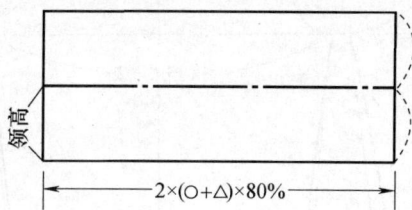

图 7 - 7 - 4

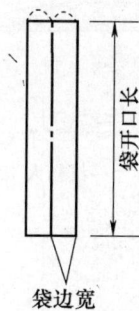

图 7 - 7 - 5

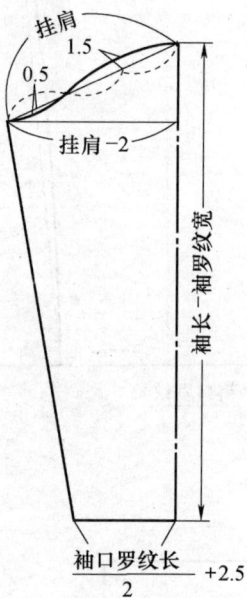

图 7 - 7 - 6

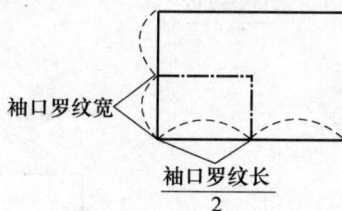

图 7 - 7 - 7

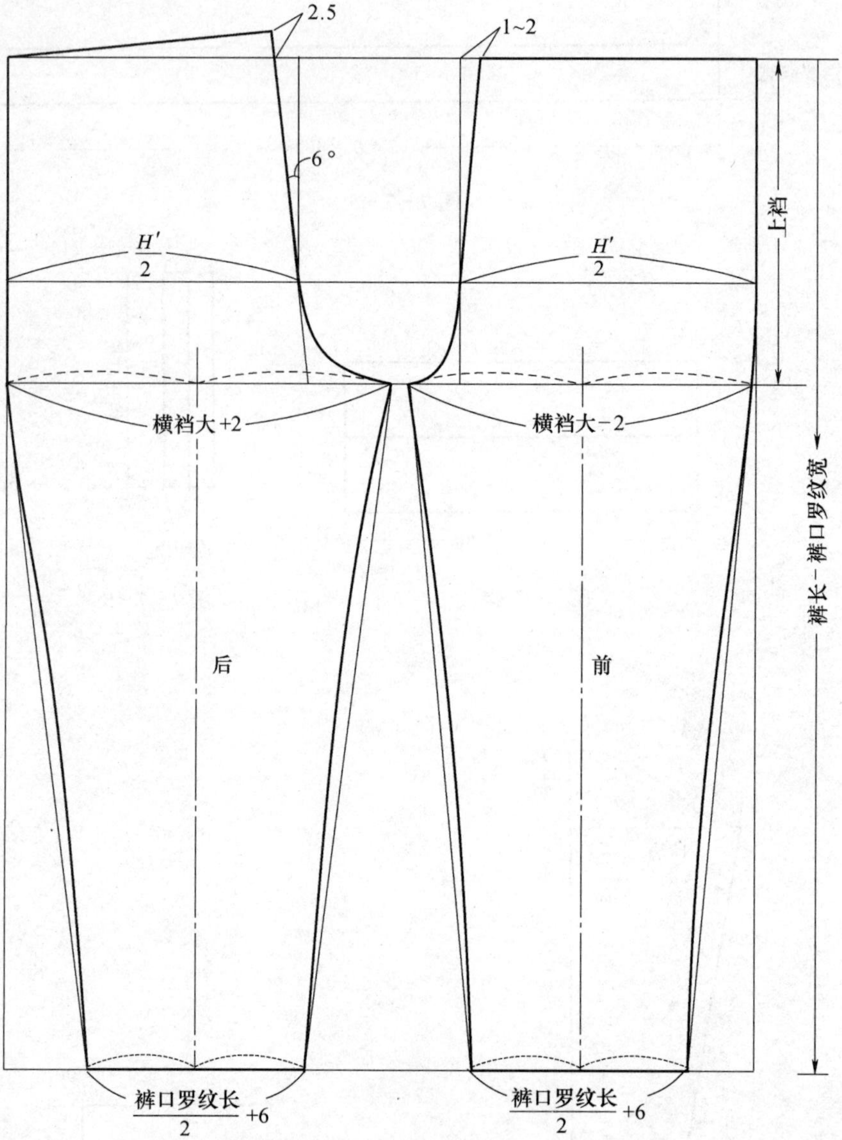

2.5

1~2

6°

$\dfrac{H'}{2}$

$\dfrac{H'}{2}$

上裆

横裆大 +2

横裆大 −2

后

前

裤长 − 裤口罗纹宽

$\dfrac{裤口罗纹长}{2}$ +6

$\dfrac{裤口罗纹长}{2}$ +6

图 7 - 7 - 8

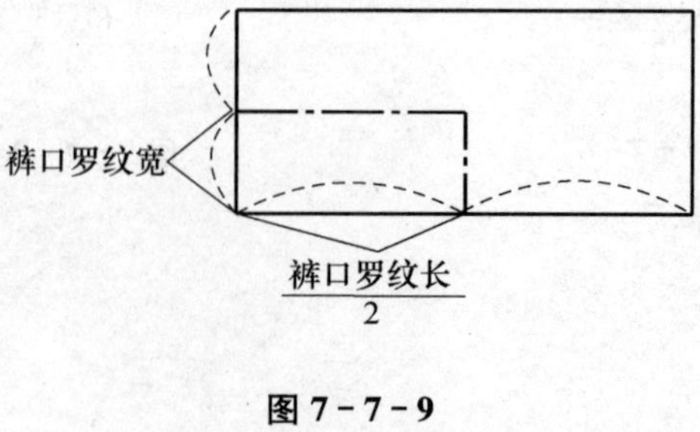

裤口罗纹宽

$\dfrac{裤口罗纹长}{2}$

图 7 - 7 - 9

实例八 短袖 T 恤与中裤套装

一、款式特点

此套装款式休闲宽松，短袖 T 恤门襟为正门襟，领子为撑脚领。中裤连腰，且腰口缝入 4cm 宽的橡皮筋，效果图如图 7-8-1 所示。

二、面料选择

建议 T 恤采用棉/氨交织的印花纬平针织物或珠地网眼类针织物；中裤采用导湿快干型涤纶珠地网眼类针织物。

三、结构设计规格

表 7-8-1 短袖 T 恤成品规格 单位：cm

尺寸号型/部位	衣长	半胸围(B')	肩宽	肩斜	挂肩	领宽	前领深	后领深
175/92	70	55	47	5	22	16.5	7.5	2.5
备注	—	半周	—	—	—	—	—	—

尺寸号型/部位	门襟长	门襟宽	下摆折边宽	袖长	袖口宽	袖口折边宽	后翻领宽	前翻领宽
175/92	15	3.5	2.5	26	17	2.5	5.5	7

表 7-8-2 男式中裤成品规格 单位：cm

尺寸号型/部位	裤长	臀围	上裆	腰围	裤口宽
175/78	60	120	30	76	33

四、结构设计特点

T 恤可选择内衣大身及袖子母型方法进行结构设计；门襟和领子结构设计可参考第五章中关于半开襟衬衫领结构设计。中裤结构设计可参考第二章第二节外裤结构变化中的例 4（图 2-2-12）。图 7-8-2 为 T 恤大身的结构图，图 7-8-3 为门襟的结构图（样板参见图 5-3-35），图 7-8-4 为领子的结构图，图7-8-5为袖子的结构图，图7-8-6为裤子的结构图。

图7-8-1

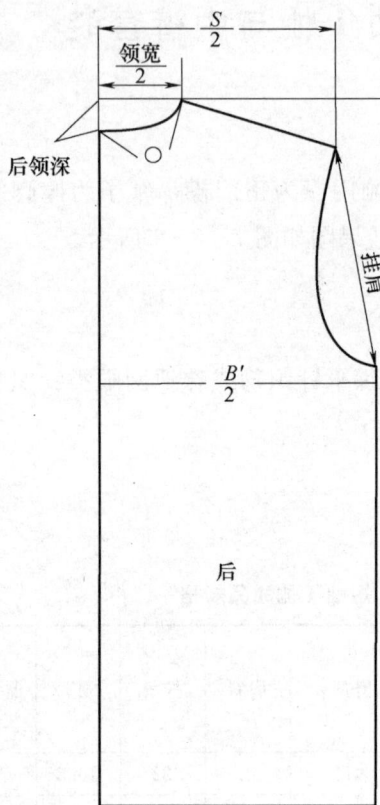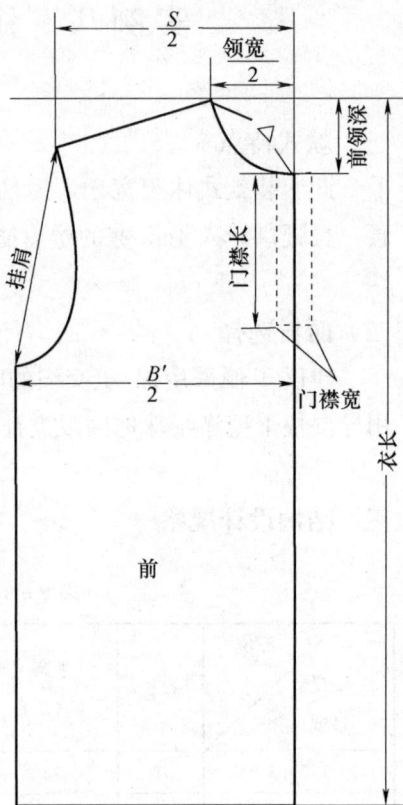

图7-8-2

图7-8-3

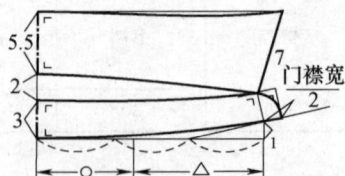

图7-8-4

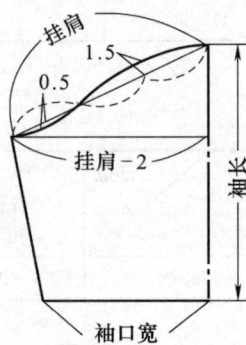

图7-8-5

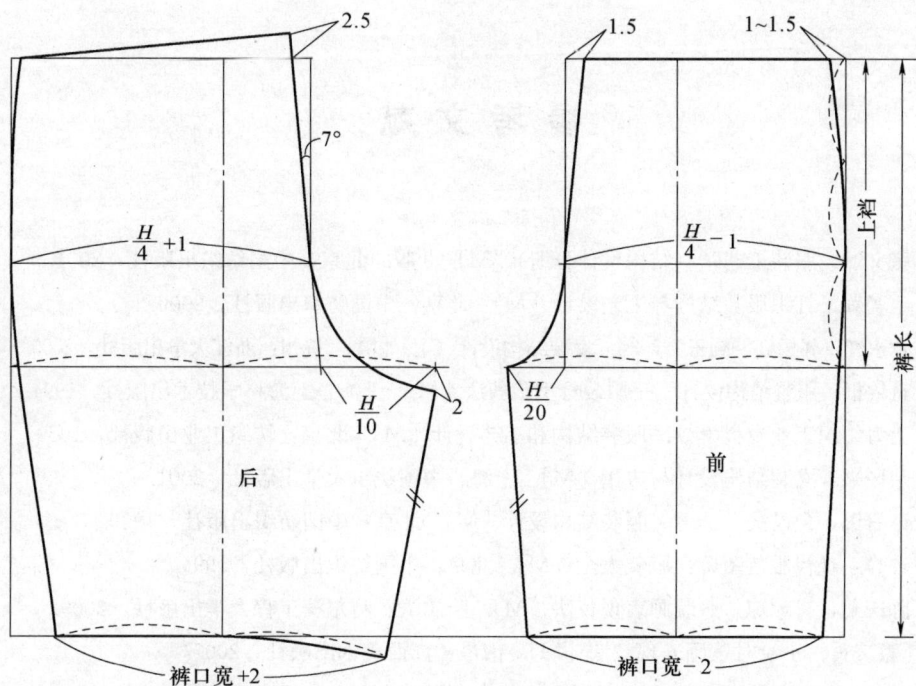

图 7 - 8 - 6

参 考 文 献

[1] 张文斌. 服装工艺学（结构设计分册）[M]. 3 版. 北京：中国纺织出版社，2001.

[2] 毛莉莉. 针织服装结构与工艺设计 [M]. 北京：中国纺织出版社，2006.

[3] 章永红，郭杨红，阎玉秀，等. 女装结构设计（上）[M]. 杭州：浙江大学出版社，2005.

[4] 蒋锡根. 服装结构设计——服装母型裁剪法 [M]. 上海：上海科学技术出版社，1994.

[5] 上海纺织工业专科学校. 服装结构和工艺设计 [M]. 北京：纺织工业出版社，1989.

[6] 余国兴. 女装结构设计与应用 [M]. 上海：中国纺织大学出版社，2001.

[7] 苏石民，包昌法，李青. 服装结构设计 [M]. 北京：中国纺织出版社，1999.

[8] 孙烨. 现代服装图鉴：服装大全 [M]. 北京：中国纺织出版社，1994.

[9] 陈庆菊，肖琼琼. 服装画表现技法 [M]. 哈尔滨：哈尔滨工程大学出版社，2009.

[10] 蔡凌霄. 手绘时装画表现技法 [M]. 南昌：江西美术出版社，2007.

[11] A. L. ARNOLD. 时装画技法 [M]. 陈仑，译. 北京：中国纺织出版社，2001.

[12] 刘元风. 时装画技法 [M]. 北京：高等教育出版社，1994.

[13] Hannelore Eberle，Tuula Salo，Hannes Doellel. 服装绘画与造型设计 [M]. 王青燕译. 上海：中国纺织大学出版社，2001.

[14] 王家馨，赵旭堃. 应用服装画技法 [M]. 北京：中国纺织出版社，2006.

[15] 张宏，陆乐. 服装画技法 [M]. 北京：中国纺织出版社，1997.

[16] 张孝宠. 高级服装打板技术全编 [M]. 上海：上海文化出版社，2005.

[17] 薛福平. 针织服装设计 [M]. 北京：中国纺织出版社，2002.

[18] 秦寄岗. 服装结构设计（修订版）[M]. 武汉：湖北美术出版社，2006.

[19] 秦寄岗，李薇，王庆华. 服装结构设计与表现技法 [M]. 北京：中国纺织出版社，1998.

书目：**服装类**

书 名	作 者	定价（元）
【普通高等教育"十一五"国家级规划教材】		
中国服饰文化（第2版）	张志春	39.00
服装材料学·基础篇（附盘）	吴薇薇	35.00
服饰配件艺术（第3版）（附盘）	许星	36.00
服装概论	华梅 等	36.00
服装展示设计	张立 等	38.00
服装面料艺术再造	梁惠娥	36.00
服饰搭配艺术	王渊	32.00
服装纸样设计原理与应用 女装编（附盘）	刘瑞璞	48.00
服装纸样设计原理与应用 男装编（附盘）	刘瑞璞	39.80
成衣工艺学（第三版）	张文斌 等	39.80
服装表演组织与编导	关洁	26.00
西方服装史（第二版）	华梅 要彬	39.80
服装CAD应用教程（附盘）	陈建伟	39.80
服装美学教程（附盘）	徐宏力 等	42.00
中国服装史（附盘）	华梅	32.00
服装美学（第二版）（附盘）	华梅	38.00
中西服装发展史（第二版）	冯泽民 等	39.80
针织服装设计	谭磊	39.80
【服装高等教育"十一五"部委级规划教材】		
艺术设计创造性思维训练	陈莹 李春晓 梁雪	32.00
服装工效学（附盘）	张辉 周永凯	39.80
服装设计师训练教程	王家馨 赵旭琨	38.00
针织服装结构CAD设计（附盘）	赵俐 等	39.80
服装流行趋势调查与预测	吴晓菁	36.00
服装表演策划与编导	朱焕良	35.00
服装号型标准及其应用（第3版）	戴鸿	29.80
服饰图案设计（第4版）（附盘）	孙世圃	38.00
服装英语（第三版）（附盘）	郭平建 等	34.00
中国近现代服装史	华梅	39.80
服装生产管理（第三版）（附盘）	万志琴 等	42.00
服装电子商务（附盘）	张晓倩 等	32.00
成衣立体构成（附盘）	朱秀丽 等	29.80
服装市场营销（第三版）（附盘）	刘小红 等	36.00
服装厂设计（第二版）（附盘）	许树文 等	36.00
服装商品企划实务	马大力	36.00
服装人体美术基础	罗莹	32.00
服装生产管理与质量控制（第三版）	冯翼 冯以玫	33.00
服装生产工艺与设备（第二版）	姜蕾	38.00
内衣设计	孙恩乐	34.00

高 等 教 材

书目：<u>服装类</u>

高
职
教
材

注　若本书目中的价格与成书价格不同，则以成书价格为准。中国纺织出版社图书
营销中心门市、销售电话：(010) 87155894。或登陆我们的网站查询最新书目：
中国纺织出版社网址：www.c-textilep.com